U0633259

向美而生

皮肤清洁的科学与技术

王　杰　刘学东　主编

中国发展出版社
CHINA DEVELOPMENT PRESS

图书在版编目（CIP）数据

向美而生：皮肤清洁的科学与技术 / 王杰，刘学东
主编 . -- 北京：中国发展出版社，2025. 6. -- ISBN
978-7-5177-1468-2

Ⅰ . TQ658

中国国家版本馆 CIP 数据核字第 20259W6D24 号

书　　　名：向美而生：皮肤清洁的科学与技术
主　　　编：王　杰　刘学东
责 任 编 辑：王　沛　胡文婕
出 版 发 行：中国发展出版社
联 系 地 址：北京经济技术开发区荣华中路 22 号亦城财富中心 1 号楼 8 层（100176）
标 准 书 号：ISBN 978-7-5177-1468-2
经 销 者：各地新华书店
印 刷 者：北京博海升彩色印刷有限公司
开　　　本：880mm×1230mm　1/32
印　　　张：6.125
字　　　数：123 千字
版　　　次：2025 年 6 月第 1 版
印　　　次：2025 年 6 月第 1 次印刷
定　　　价：58.00 元

联 系 电 话：（010）68990625　68990630
购 书 热 线：（010）68990682　68990686
网 络 订 购：http://zgfzcbs.tmall.com
网 购 电 话：（010）88333349　68990639
本 社 网 址：http://www.develpress.com
电 子 邮 件：370118561@qq.com

版权所有·翻印必究

本社图书若有缺页、倒页，请向发行部调换

编委会

主　编：王　杰　刘学东

副主编：李美莉　查金奇　汪　杰

编　委：蓝方毅　郑丽国　陈　超　王一宇

　　　　庄雪金　吕梦瑶　马弋岚　全文瑶

推荐语*

_____

* 按姓氏拼音首字母排序。

> 本书从皮肤生理学与清洁产品技术的双重专业视野出发，在解密消费者深层需求的同时，也揭示了营销传播的独特逻辑。从消费者维度，其认知已从对个性化护理的追捧升级为对产品成分科学全面认知的渴望；从营销传播维度，其战略已从简单的促销推广升级为对科学知识的普及。书中对皮肤清洁产品创新路径的剖析，为营销人打开了产品价值重构的新视角。
>
> ——冯丙奇，中国传媒大学广告学院教授、博士生导师，时尚传播研究中心主任

> 表面活性剂是化妆品中非常重要的成分之一。这本书不仅介绍了皮肤科学和表面活性剂的知识，同时还着重分析了表面活性剂在清洁产品中的具体应用。这些内容对于行业人员，尤其是初入行业的新人很有帮助。书中列举的大量产品案例，可以很好地开阔读者视野，对读者而言大有裨益！
>
> ——郭清泉，广东省功能化妆品工程技术研究中心主任

《向美而生：皮肤清洁的科学与技术》一书介绍了皮肤的特征和表面活性剂在清洁产品中的应用，书中丰富的案例以及对清洁产品技术发展历史的梳理与未来展望，对化妆品行业研发人员、从业人员和消费者均具有较好的参考意义。

——贾焱，北京工商大学教授、博士生导师，
化妆品研究院常务副院长

"清洁、保湿、防晒"是人们日常皮肤护理很重要的三部曲，排在首位的就是清洁。清洁是保持皮肤健康的基本方法之一，但是不少人对自身皮肤情况及科学的清洁方法认识不足，或对市面上的清洁产品不了解，导致在护肤清洁护理过程中出现了各式各样的问题，不利于皮肤的健康。本书提供了科学、合理的有关清洁方面的知识，希望读者可以从中受益。

——赖维，中山大学附属第三医院皮肤科教授

这本书对广大消费者来说是很好的科普读物。在书中，我们不仅可以了解皮肤结构，还能知道清洁产品是如何发挥功效的。此外，这本书也很好地消除了部分消费者对某些成分的误解。如果您是一个"成分党"，不妨读一读它，用科学打败偏见。

　　——李琼，上海日用化学品行业协会副会长兼标准化技术委员会主任委员

　　我很早就认识了王杰，见证了他从美妆科普博主到创办两个国货品牌的一路征途。王杰作为这本书的作者之一，很好地总结了他在化妆品领域的专业知识。追求幸福和美好是人的本性，《向美而生：皮肤清洁的科学与技术》，从了解皮肤、熟悉技术、认识产品开始。

　　——桑莹，中国美容博览会（CBE）执行主席

"

皮肤清洁就是要在温和、洁净之间找到最佳平衡点。这其实也就意味着，做好一款清洁产品并不是一件容易的事情。这本书比较全面地介绍了皮肤清洁领域的技术、产品、未来发展趋势等内容，尤其是在产品部分详细呈现了面部、头部等部位皮肤清洁产品的概况。对于想要从事化妆品研发的人来说，本书是很好的入门读物。

——杨继国，华南协同创新研究院绿色生物制造

平台主任

"

"

皮肤清洁技术的演变是个很有趣的课题，背后反映的是大家对卫生、美容、健康观念的变迁和认知的提升。想要知道皮肤清洁技术从古至今的沿革，了解清洁产品的科学原理与核心技术，可以先从阅读这本"清洁宝典"开始。

——郑伟东，全联美容化妆品业商会化妆品化学师

专业委员会主任委员

"

前　言

　　《向美而生：皮肤清洁的科学与技术》是一本综合性指南，旨在深入探讨皮肤生理学和现代清洁产品的科学技术，帮助读者全面了解皮肤护理及清洁产品的基础知识与前沿发展。本书将带领读者从皮肤的基本结构和功能出发，逐步进入清洁产品的分类、技术发展、配方设计及未来趋势等多个层面，提供兼具科学性、实用性与前瞻性的知识体系。

　　首先，本书详细介绍了皮肤作为人体最大的器官，其复杂的结构与多样的功能。通过对皮肤微生物、皮脂膜、表皮、真皮和皮肤附属器的解析，使读者更深入地了解皮肤的保护机制和护理要点。此外，不同人群的皮肤特性及常见皮肤问题的分析，为读者提供了个性化护理的理论基础。

　　其次，本书对"皮肤清洁指南"进行了导读，系统性地讲解了洁肤产品的分类及其在不同部位的应用。针对特殊人群和皮肤亚健康状态的清洁护理，提出了科学、具体的建议，帮助读者更好地应对各种皮肤清洁需求。

　　在技术发展部分，本书回顾了清洁产品从传统到现代的发展历程，特别是表面活性剂技术的演进，揭示了清洁产品技术背后的科学原理。通过对清洁产品剂型与配方体系的深入剖析，书中详尽介绍了各类表面活性剂、防腐剂、色素与香料的功能与应用，展示了清洁产品的核心技术构成。

本书还特别关注清洁产品的应用实践，通过丰富的实例剖析，涵盖面部清洁、身体清洁、卸妆及洁发产品等多个领域具体产品类别的分析与配方实例，帮助读者在实际生活中作出科学、有效的产品选择。

最后，本书展望了个人护理清洁类产品技术的发展趋势，分析了面部清洁、身体清洁、头发头皮清洁及面部卸妆类产品的创新方向，并通过对国货品牌与国际品牌差异的探讨，以及我国特色成分发展的深度剖析，为读者全景式展现了行业现状，前瞻未来发展。

本书不仅适合化妆品研发人员、皮肤科医生、美容专家阅读，还适合普通消费者阅读。借助系统的知识分享和专业的科学指导，读者能够更好地理解皮肤护理的科学基础，作出更加明智的选择和应用，提升个人护理水平。

CONTENTS

目　录

I

CONTENTS

第二章
"皮肤清洁指南"导读

第三章

清洁产品技术发展的历史沿革

CONTENTS

第五章
清洁产品概论与配方实例剖析

CONTENTS

第六章
个人护理清洁类产品技术未来发展趋势

第一章

人体最大的器官——皮肤

一、皮肤的结构与基本功能

皮肤是人体最大的器官，被覆于整个人体表面，与外界环境直接接触。皮肤由表皮、真皮和皮下组织构成，除毛发、汗腺、皮脂腺等皮肤附属器外，还含有丰富的神经、血管、淋巴管及肌肉。成人皮肤总体表面积为 1.5~2.0 平方米，表皮与真皮的质量约占人体总质量的 5%，若包含皮下组织，占比可达 16%。皮肤的厚度因年龄、部位而异。

皮肤科学是一门综合性学科，涉及皮肤的结构、功能、生理学、病理学以及皮肤护理和治疗的各个方面。作为人体最大的器官，皮肤不仅起着保护身体免受外界损害的作用，还参与温度调节、感觉外界刺激、合成维生素 D 等重要的生理过程。在以往的学术领域和化妆品市场上，大家讨论的皮肤结构由 3 个主要层次组成：表皮、真皮和皮下组织。但现在的研究中，逐渐形成 5 层皮肤结构的主张，从外到里依次为：微生物、皮脂膜、表皮、真皮和皮下组织（见图 1-1）。在皮肤清洁过程中，皮肤表面的微生物和皮脂膜最容易受到干扰和影响，因此本章在叙述皮肤结构的同时，微生物和皮脂膜将是我们关注的重点。

皮肤表面是多种微生物的栖息地，形成了一个复杂的微生物群落，包括细菌、真菌、病毒和其他微生物等。这些微生物对人类的健康起着重要的作用。它们保护皮肤免受有害微生物的入侵，通过与皮肤细胞的相互作用来影响皮肤的免疫功能。皮脂膜是由

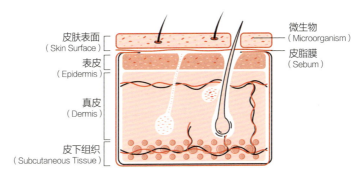

图 1-1　皮肤的基础结构从外到里依次为微生物、皮脂膜、表皮、真皮和皮下组织
资料来源：Grice, E., Segre, J. The skin microbiome. Nat Rev Microbiol, vol. 9, 2011, pp.244-253.

皮肤表面的皮脂（由皮脂腺分泌）和汗液混合而成的薄膜。它不仅可以保持皮肤的润滑和柔软，还具有一定的防水功能，防止微生物过度生长，是皮肤的天然保护层。表皮是皮肤的外层，主要由角质形成细胞构成，担负皮肤的屏障功能，防止水分流失并抵御外界物理、化学和生物性损伤。真皮由密集的结缔组织组成，含有血管、神经和皮肤附属器等，具有提供营养、感觉和调节体温等功能。皮下组织主要由脂肪组成，起到保温和缓冲作用。

皮肤参与多种生理功能，包括但不限于以下 4 种。

（1）保护功能：皮肤是身体的第一道防线，保护身体免受外界伤害。

（2）感觉功能：皮肤上的神经末梢可以感受痛觉、温度和触觉，帮助我们感受外界环境。

（3）调节体温：通过汗液蒸发和血管的扩张与收缩，帮助调节体温。

（4）合成维生素 D：在阳光的作用下，皮肤可以合成维生素 D，对维持骨骼健康至关重要。

　　头皮作为覆盖于颅骨之外的软组织，与其他部位的皮肤相比具有独特的结构和功能，主要包括以下 3 种。①保护颅骨和颅内组织：头皮是头部的重要保护层，能够防止外界物理、化学和生物因素对颅骨及颅内组织造成损伤。②调节体温：头皮中的血管和汗腺能够调节体温，保持头部的舒适度。③感觉功能：头皮富含神经末梢，能够感受触摸、温度和疼痛等刺激。

　　与其他部位的皮肤相比，头皮具有以下 3 个特点。

　　（1）皮脂腺密度高：头皮的皮脂腺密度大约为 144~192 个 / 平方厘米，远高于其他部位的皮肤。这使得头皮更容易分泌油脂，如果不及时清洁，容易导致毛孔堵塞和头皮屑等问题。

　　（2）新陈代谢周期短：头皮细胞的代谢周期仅为 14~21 天，短于其他部位皮肤的代谢周期。这使得头皮更容易受到外界环境的影响，如紫外线、空气污染等。

　　（3）与头发密切相关：头皮是头发生长的基础，头发的健康状况与头皮的状态密切相关。头皮的健康状况会直接影响头发的生长和质量。

（一）微生物

　　皮肤的微生物是皮肤微生态系统的重要成员，皮肤微生态系统是指由细菌、真菌、病毒等各种微生物与皮肤表面的组织、细胞及各种分泌物、微环境、外环境等共同组成的动态可变的生态系统。人的皮肤微生态系统从出生就开始形成，并随着成长而不断发展和丰富。人体皮肤承载着 1000 亿个微生物，其中75%~80% 为细菌，5%~10% 为真菌，10%~20% 为病毒。这些微生物主要存在于皮肤表面及皮肤附属器，如毛囊、汗腺和皮脂腺等，形成相对稳定的微生物群。

　　皮肤微生物可以分为常驻微生物和暂驻微生物。常驻微生物长期定居在皮肤，通常是无害的，部分还会对皮肤产生有益影响，比如，葡萄球菌属、丙酸杆菌属、棒状杆菌属和马拉色菌属等常驻菌，但当皮肤微生态系统失衡的时候，常驻菌大量繁殖，也会导致皮肤病。暂驻微生物是通过接触外界环境而获得的一类微生物，其中就包括金黄色葡萄球菌、溶血链球菌等。表 1-1 列出了部分常驻菌及其对皮肤的影响。

表1-1　部分常驻菌及其对皮肤的影响

常驻菌类别	对皮肤的益处	对皮肤的害处
葡萄球菌属	1."唤醒"皮肤的免疫反应，可能降低炎症反应强度； 2.降低皮肤表面酸碱度，维持皮肤表面的弱酸性，抑制有害菌	1.皮肤软组织感染：如疖、痈、毛囊炎、脓疱型痤疮、甲沟炎、麦粒肿等。通常表现为皮肤上的红色肿块、脓疱或溃疡，可能伴有疼痛、瘙痒和发热等症状； 2.葡萄球菌性烫伤样皮肤综合征（SSSS）：金黄色葡萄球菌释放毒素损伤皮肤导致的严重皮肤病。病情危急时，皮肤会形成广泛的水疱，看起来像被烫伤。这种病症主要发生于婴幼儿

续表

常驻菌类别	对皮肤的益处	对皮肤的害处
丙酸杆菌属	1. 维持皮肤自然油脂平衡：丙酸杆菌通过分解皮脂中的脂肪酸，有助于皮肤保持自然的油脂平衡，预防油脂过度分泌，从而减少皮肤油腻和毛孔堵塞的问题； 2. 消炎作用：研究发现，丙酸杆菌具有消炎作用，能够调节皮肤免疫系统，缓解皮肤炎症。这种作用有助于减轻痤疮、粉刺等皮肤炎症问题，使皮肤更加健康	1. 引发痤疮：当痤疮丙酸杆菌在皮肤上过度繁殖时，会分解皮肤表面的皮脂，产生游离脂肪酸，刺激毛囊，导致炎症反应，造成红肿、疼痛、痤疮等； 2. 疤痕和色素沉着：如果痤疮丙酸杆菌感染没有得到及时有效的治疗，可能会出现结节、囊肿等严重病变，病愈后可能留下疤痕。长期的炎症反应可能导致皮肤色素沉着，使皮肤颜色不均匀
棒状杆菌属	改变皮肤表面的脂质成分，有助于皮肤形成健康的皮脂屏障。为皮肤提供保护，减小皮肤受损的风险	棒状杆菌属中的一些细菌，如白喉棒状杆菌，能引发局部炎症反应，表现为红肿、疼痛、瘙痒等。而痤疮棒状杆菌则与毛囊炎和疖肿等皮肤病的发生密切相关，这些细菌在毛囊内生长繁殖，表现为丘疹、脓疱等病变
马拉色菌属	1. 分解皮肤油脂，控制表皮油脂含量； 2. 维持皮肤菌群平衡：作为皮肤微生物群的一部分，与其他微生物共同维持皮肤的菌群平衡。预防有害微生物的过度生长	马拉色菌过度繁殖时会破坏皮肤屏障的完整性，导致皮肤水分流失、干燥和敏感，或引发痤疮、花斑癣（花斑糠疹）和毛囊炎等

资料来源：作者根据相关资料整理。

微生物之间的关系，靠皮肤和微生物的代谢产物（如乳酸、脂肪酸、氨基酸、抗菌肽和各种蛋白酶等）介导，从而产生共生或拮抗关系。此外，微生物之间还可存在群体感应效应。皮肤微生物、宿主及环境相互作用与制约，保持动态平衡，也就是皮肤微生态系统平衡，是维持皮肤微生态系统稳定和皮肤健康的基础。健康的微生物屏障有助于防止有害菌和病原体在皮肤表面定殖，皮肤常驻微生物还能激发宿主适当的保护性免疫反应，对抗病原体感染。同时，皮肤微生态系统与皮肤生理功能是相互调控和关联的。微生物的代谢产物会作用于皮肤屏障，影响皮肤 pH 值（氢离子浓度指数）、水分及油脂分泌，对表皮增殖与分化也有重要调节作用。皮肤微生物在皮肤修复和再生中也发挥了作用，有助于伤口愈合。皮肤微生态系统失衡、分布多样性变化，就可能导致皮肤处于亚健康或疾病状态，比如，特应性皮炎、银屑病、脂溢性皮炎等。

（二）皮脂膜

皮脂腺是一种分泌皮脂的腺体，分布在皮肤的大部分区域，尤其是头皮、面部和背部。皮脂膜由皮脂腺分泌的皮脂、角质细胞产生的脂质、汗腺分泌的汗液和脱落的角质细胞等共同组成，在皮肤表面形成了一层保护膜，在维持皮肤的水油平衡、抵御外部刺激和保护皮肤健康等方面起着重要作用。皮脂膜 pH 值应维持在 5.0~6.0，呈弱酸性状态（见图 1-2）。

皮脂
（Sebum）

皮脂膜
（Sebum Film）

汗水
（Sweat）

外泌汗腺
（Eccrine Sweat
Gland）

皮脂腺
（Sebaceous Gland）

图1-2　皮脂膜的形成

资料来源：作者根据相关资料绘制。

1. 皮脂膜的组成

（1）脂肪酸：脂肪酸是皮脂膜的主要成分之一。这些脂肪酸通常是长链脂肪酸，它们在形成皮脂膜的过程中起到润滑和保湿的作用。

（2）甘油：甘油是一种具有保湿性质的物质，有助于皮肤吸收水分，从而维持肌肤的水润度。

（3）胆固醇：胆固醇在皮脂膜中起到增加皮肤弹性和稳定细胞膜结构的作用，有助于维持皮肤的健康和防止水分蒸发。

（4）皮脂酯：皮脂酯是由甘油和脂肪酸形成的酯化物，是皮脂膜的主要成分之一，在维护皮肤水油平衡和形成天然屏障方面起到关键作用。

（5）角蛋白：皮脂膜中还含有一些角蛋白，参与形成角质层，增强肌肤的抵抗力和保湿效果。

（6）游离脂肪酸：除了脂肪酸的酯化形式外，皮脂膜中还包含一些游离脂肪酸，它们具有抗菌和抗炎作用。

（7）角质细胞：皮脂膜中还包含一些残留的角质细胞，帮助形成肌肤表面的天然屏障。

这些成分协同作用，形成了皮脂膜，为皮肤提供了天然的保护屏障。这层膜在肌肤表面形成了一种微妙而复杂的生态系统。皮脂膜的厚度因人而异，也受到多种因素的影响，包括个体的皮肤类型、年龄、环境条件等。通常来说，皮脂膜是一层极薄的薄膜，它不同于角质层，不是直接可见的。虽然皮脂膜本身很薄，但它在维护皮肤的健康和防御外部刺激方面起着至关重要的作用，有助于保持肌肤的湿润度、防止水分蒸发、抵御细菌和外界环境的侵害，为肌肤提供全面保护。

2. 皮脂膜受损的影响

皮脂膜在维持皮肤健康和功能方面发挥着重要作用，遭到破坏时也可能导致多种不良影响，以下是一些可能的影响。

（1）水分流失：皮脂膜有助于锁住水分，防止水分从皮肤表面蒸发。若皮脂膜受损，水分流失可能增加，导致皮肤变得干燥。

（2）皮肤干燥和皲裂：缺乏足够的皮脂膜保护，皮肤容易失去水分，从而干燥甚至皲裂。这不仅影响皮肤的外观，还可能引起不适感。

（3）敏感和刺激：皮脂膜具有一定的抗刺激作用，帮助减轻外部环境对皮肤的刺激。若皮脂膜受损，皮肤可能更容易受到外界刺激，变得更加敏感。

（4）细菌感染：皮脂膜中的一些成分具有抗菌作用，有助于防止细菌繁殖。当皮脂膜被破坏时，皮肤可能更容易受到细菌感染，引发炎症和其他皮肤问题。

（5）失去天然屏障：皮脂膜形成了皮肤的天然屏障，防止外部物质的侵入。当这一屏障受损时，皮肤可能更容易受到环境中污染物和有害物质的侵害。

保护皮脂膜对于维持皮肤的健康和功能非常重要。适度的保湿、温和的清洁、正确的护肤以及保持健康的生活习惯都是保护皮脂膜的有效方法。

（三）表皮

表皮位于皮肤的外层，它直接体现皮肤的外观及健康状态，赋予皮肤质感，参与肤色形成，是皮肤美容的重要载体。表皮属于复层鳞状上皮，主要由角质形成细胞构成，根据角质形成细胞的分化特点，将表皮由外到内依次分为 5 层，即角质层、透明层、颗粒层、棘层和基底层（见图 1-3），基底层借助基膜与真皮连接。其间含有不同种类的树突状细胞，如黑素细胞、朗格汉斯细胞和麦克尔细胞等。

1. 表皮的组成

（1）角质层：角质层是表皮的最外层，与皮肤美容关系最密切。角质层由 5~15 层细胞核和细胞器消失的角质细胞及细胞间脂质构成。角质层作为皮肤吸收外界物质的主要部位，其吸收能力占全部吸收能力的 90%，因此，角质层完整的结构对维持

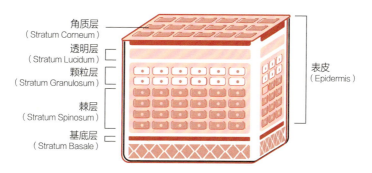

角质层
(Stratum Corneum)

透明层
(Stratum Lucidum)

颗粒层
(Stratum Granulosum)

棘层
(Stratum Spinosum)

基底层
(Stratum Basale)

表皮
(Epidermis)

图 1-3 表皮结构

资料来源：作者根据相关资料绘制。

皮肤屏障功能起到重要作用。角质层含水量低于 10% 即引发皮肤干燥、脱屑等问题。正常情况下，角质层保持经皮水分散失量（TEWL）为 25g/（h·m²）[①]，当角质层受到破坏时，TEWL 将增加，如果角质层全层剥脱，水分经皮肤外渗可增加 30 倍。角质层还对外界紫外线、微生物等理化生因素具有防御作用。角质层的厚薄直接影响皮肤的外观，角质层过厚，皮肤会显得粗糙、暗淡无光，因为光线在厚薄不一的皮肤中散射后，表皮颜色会出现变化。干燥、有鳞屑的角质层以非镜面反射的形式反射光线，使皮肤灰暗；反之，光滑、含水分较多的角质层有规则的反射可使皮肤明亮而具有光泽。角质层过薄，如过度"去死皮""换肤"等，皮肤的防御功能减弱，容易受到外界不良因素的侵害而出现皮肤问题，如皮肤潮红、毛细血管扩张、色素沉着、皮肤老化，

---

① g/（h·m²）表示每小时每平方米皮肤中扩散的水的质量。

甚至引起某些皮肤疾病。

砖墙结构：20世纪70年代Peter Elias教授将角质层比喻为"砖墙结构"，角质细胞为"砖块"，细胞间脂质为"灰浆"——由神经酰胺、游离脂肪酸和胆固醇等成分组成，"砖块"间隔堆砌于连续的、由特定脂质和蛋白组成的"灰浆"中。只有维持和保证"砖块"与"灰浆"两个组分以及它们功能正常，才能确保皮肤的完整性、正常的水合作用及维持皮肤的正常屏障功能（见图1-4）。

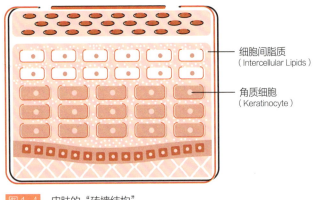

细胞间脂质
（Intercellular Lipids）

角质细胞
（Keratinocyte）

图 1-4　皮肤的"砖墙结构"
资料来源：作者根据相关资料绘制。

（2）透明层：透明层由2~3层无核的扁平细胞组成。胞质中含有嗜酸性透明角质，它由颗粒层细胞的透明角质颗粒变性而成，具有防止水分、电解质等化学物质通过的屏障作用。

（3）颗粒层：颗粒层由1~3层扁平或梭形的细胞构成。正常皮肤颗粒层的厚度与角质层的厚度成正比，在角质层薄的部位仅有 1~3 层颗粒层细胞，而在角质层厚的部位（如掌跖）颗粒层细胞则多达 10 层。颗粒层的代谢变化较大，表皮细胞在此层完全角化后细胞核消失，转化成无核的透明层和角质层。在颗粒层上部的细胞间隙中，酸性磷酸酶、疏水性磷脂和溶酶体酶等构成一个防水屏障，使水分既不易从体外渗入，也阻止了角质层以下的水分向角质层渗透。

（4）棘层：棘层位于基底层上方，由 4~8 层多角形细胞组成，细胞较大，有许多棘状突起，胞核呈圆形，细胞间桥明显而呈棘刺状，故称为棘细胞。最底层的棘细胞也有分裂功能，可参与表皮的损伤修复。棘细胞及颗粒层细胞内含卵圆形双层膜包被的板层状颗粒，称为 Odland 小体，包含由磷脂、神经酰胺、游离脂肪酸和胆固醇构成的脂质混合物。

（5）基底层：基底层位于表皮的最底层，是除角质层以外与皮肤美容关系最密切的结构，仅为一层柱状或立方状的基底细胞，与基底膜带垂直排列成栅栏状。

基底层又称为生发层，与皮肤自我修复、创伤愈合及瘢痕形成有着密切关系。外伤或手术时，尤其是进行面部美容磨削术与激光治疗，只要创面局限于表皮层，不突破真皮浅层，皮肤就能通过基底细胞的再生进行修复而没有瘢痕形成；若突破真皮浅层，由真皮结缔组织增生修复创面，则会形成瘢痕。

表皮更替时间：角质形成细胞从基底层移至角质层脱落，约需要 28 天（见图 1-5），称为角质形成细胞的通过时间或表皮更替时间。表皮更替时间可以评价表皮的功能，过快或过慢都不利于皮肤的健美。

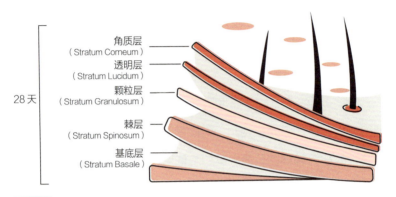

图 1-5　表皮更替时间

资料来源：作者根据相关资料绘制。

2. 部分表皮细胞的功能

（1）黑素细胞也称为黑色素细胞，是皮肤中的一种特殊细胞，其主要功能是产生黑色素。黑色素是一种生物色素，它决定了皮肤颜色的深浅，同时对于皮肤具有多种重要的保护作用。首先，黑素细胞产生的黑色素能够吸收和散射紫外线。紫外线是皮肤老化、晒伤和皮肤癌的主要元凶之一。黑素细胞的这一功能可以帮助皮肤抵抗紫外线的侵袭，保护皮肤细胞免受损伤。其次，黑素细胞还参与皮肤的免疫反应。它们能够识别和吞噬外来病原体，如细菌和病毒等，并通过释放细胞因子等信号分子来激活和调节免疫反应，从而帮助皮肤抵御感染。最后，黑素细胞还参与皮肤细胞的生长和分化过程。它们能够影响周围皮肤细胞的增殖、迁移和分化，从而影响皮肤的生长和修复。例如，在伤口愈合过程中，黑素细胞可以促进皮肤细胞的再生和修复（见图1-6）。

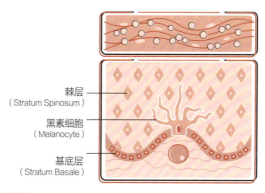

棘层
（Stratum Spinosum）

黑素细胞
（Melanocyte）

基底层
（Stratum Basale）

图 1-6　黑素细胞的位置

资料来源：作者根据相关资料绘制。

（2）朗格汉斯细胞是一种来源于骨髓的免疫活性细胞，部分分布于皮肤基底层上部和表皮中部，数量约为表皮细胞的3%~5%，有活跃的细胞周期，能通过自我修复以补充衰老的或损伤的细胞。此外，它们是具有特殊免疫刺激能力的抗原呈递细胞，能够识别和摄取外源性抗原，如细菌和病毒等，然后将其呈递给T淋巴细胞，从而启动免疫应答。因此，朗格汉斯细胞在人体的防御系统中起着极为重要的作用，具体表现为：识别、摄取、处理和呈递给T淋巴细胞抗原，启动免疫应答。朗格汉斯细胞通过识别和呈递抗原给 T 淋巴细胞，刺激特异性 T 细胞的增殖和激活，进一步放大免疫反应，参与免疫应答，细胞生长、分化及记忆形成。它们通过分泌多种细胞因子，如干扰素、肿瘤坏死因子等，促进人体的细胞生长和分化，维持人体的正常生理功能。同时，它们还参与免疫应答的记忆形成，使人体能够更快、更有效地应对再次侵入的病原体。

（3）麦克尔细胞是分布于全身表皮基底细胞之间的一种具有短指状突起的细胞，具有多种重要的功能。首先，麦克尔细胞与触觉感受有关。它们主要位于皮肤附件和触觉感受器丰富的部位，如指尖、鼻尖、口腔黏膜、掌跖、指趾、口唇及毛囊等。这些细胞能够参与和传导特化的感觉功能，特别是轻微接触反应，是躯体感觉系统不可或缺的一部分。其次，麦克尔细胞具有神经内分泌功能。它们含有神经内分泌肽，并通过无髓神经纤维连接到神经系统，可能是一种特殊的神经分泌细胞，其含有与神经元组织有关的酶，如特异性乙酰胆碱酯酶、神经元特异性烯醇化酶等。最后，麦克尔细胞还可能与免疫系统有关。一些研究表明，它们可能参与超敏反应和自身免疫性疾病的预防，具有免疫调节的作用。

（四）真皮

真皮主要由成纤维细胞及包含胶原纤维、弹性纤维及透明质酸在内的细胞外基质组成，由外向内分为乳头层和网状层。乳头层结缔组织向表皮突起形成乳头，扩大表皮和真皮的接触面，有利于二者的密切结合。乳头中富含毛细血管和感受器。网状层中胶原束相互交织呈网状，形成皮肤纹理，含有较大的血管、淋巴管和神经等结构。真皮将表皮和皮下组织连接起来，可保护下方组织免受机械性损伤，维持内外环境的稳定，增强表皮的屏障功能，对皮肤的弹性、光泽、保湿和张力等也起到重要作用（见图 1-7）。

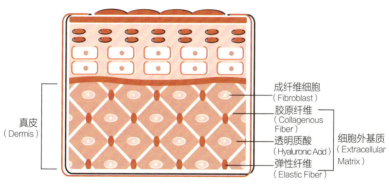

图 1-7 真皮的结构

资料来源：作者根据相关资料绘制。

（五）皮肤附属器

（1）皮脂腺：分为腺体和导管两部分，分布非常广泛，除掌、甲外，几乎遍及全身。皮脂腺的分布密度在各部位是不同的，以头皮、面部，特别是眉间、鼻翼和前额最多，为 400~900 个 / 平方厘米腺体，而躯干及腋窝也较多，为 100~150 个 / 平方厘米腺体，故头皮、面部、躯干及腋窝等处又称皮脂溢出部位。四肢特别是小腿外侧皮脂腺分布最少，所以洗澡后小腿外侧往往易干燥、起白屑。皮脂腺分泌和排泄的产物称为皮脂，是一种混合物，其中包含多种脂类物质，主要有饱和的及不饱和的游离脂肪酸、甘油酯类、蜡类、固醇类、角鲨烯及液状石蜡等，主要有润滑皮肤、润泽毛发、抗菌、抗氧化损伤等作用。影响皮脂腺分泌功能的因素很多，主要有内分泌、外界温度、皮表湿度、年龄、饮食、洁肤方式等。

（2）汗腺：汗液的排泄可起到散热降温、湿润皮肤、排泄代谢产物（代替部分肾脏功能）等作用。

（3）毛发：是重要的皮肤附属器，覆于皮肤表面。毛发的主要功能包括保护皮肤、调节体温、感觉和伪装以适应生存环境。毛发是年龄的外在表征，也成为健康与美观的重要标志之一，具有独特且重要的社会心理功能。毛发的生长呈一定的周期性，从毛囊形成开始，其生长即遵循一个连续循环模式。毛囊的生长阶段称为生长期，随后的退行及静止阶段分别称为退行期和休止期。根据身体部位的不同，毛囊周期的时间各异，生长期、退行期和休止期的平均持续时间分别为 3 年、3 周和 3 个月。激素、生长因子及细胞因子等都会影响毛发的生长发育过程（见图 1-8）。

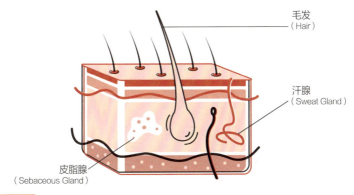

毛发
（Hair）

汗腺
（Sweat Gland）

皮脂腺
（Sebaceous Gland）

图1-8 部分皮肤附属器

资料来源：作者根据相关资料绘制。

二、皮肤污垢

皮肤污垢有多种来源，包括外部环境因素和皮肤本身的生理过程。了解皮肤污垢的类型、产生方式及其特性对于选择适合自己的洁面产品至关重要。

（一）皮肤污垢的类型和产生方式

（1）油脂和皮脂：皮脂由皮脂腺分泌，帮助保持皮肤的水分和柔软度。过量的皮脂会吸附空气中的灰尘、污染物质，形成污垢，有可能导致毛孔堵塞、痤疮等皮肤问题。皮脂分泌水平受到激素、遗传、年龄和性别等影响。青春期时，由于激素水平的变化，皮脂腺活动增加，皮脂分泌量也随之增加。总体来说，男性比女性有更活跃的皮脂腺，因此皮脂分泌量更高。不同肤质的人皮脂分泌情况不同：混合性皮肤的人在部分区域，如T区（额头、鼻子和下巴），油脂分泌旺盛，而面颊等区域可能较干；敏感性皮肤的人，皮肤屏障的损伤可能使其皮肤更容易受到刺激和产生炎症，而保有适当的皮脂分泌量有助于保护其皮肤免受外界刺激。理解油脂和皮脂的产生机理以及它们对不同皮肤类型的影响，可以帮助人们选择适合自己皮肤类型的护肤品。

（2）死皮细胞：皮肤的表层细胞会自然老化并脱落，新的细胞会生成并取代它们。如果这些死皮细胞没有被及时清除，会与皮脂混合，形成污垢。

（3）化妆品残留：化妆品和护肤品的残留物可以与皮脂和死皮细胞混合，形成污垢，可能堵塞毛孔。

（4）外源污染物：空气中的尘埃、烟雾、工业污染物等可以附着在皮肤上，与皮脂和死皮细胞结合，形成污垢。

（5）微生物：皮肤表面自然存在的细菌、真菌等微生物的代谢产物也可以导致皮肤形成污垢。

（二）皮肤污垢的特性

（1）黏性：由于含有油脂成分，皮肤上的污垢通常具有一定的黏性，这使得污垢能够吸附更多的灰尘和微粒。

（2）堵塞毛孔：混合了死皮细胞、油脂和外源污染物的污垢容易堵塞毛孔，导致形成黑头、白头和痤疮等。

（3）可变性：皮肤污垢的组成和特性因人而异，取决于个人的皮肤类型、生活环境和日常习惯等。

（4）影响皮肤健康：积聚在皮肤上的污垢不仅影响皮肤外观，还可能导致皮肤问题，如炎症、敏感和感染等。

（三）如何有效清除皮肤污垢

选择合适的洁面产品非常重要。理想的洁面产品应该能够：

（1）温和地去除皮脂和死皮细胞，而不破坏皮肤的天然屏障。

（2）解决特定的皮肤问题，例如，针对油性皮肤可能含有调节皮脂分泌的成分。

（3）包含抗污染成分，帮助抵御和清除空气中的污染物。

（4）维持或恢复皮肤的 pH 值平衡，保持皮肤的健康状态。

综合选择和使用合适的洁面产品，以及定期去角质，可以有效清除皮肤污垢，保持皮肤的清洁和健康。

三、不同人群与其肌肤特点

皮肤状态与需求是一个复杂的话题。肤质、性别和年龄等多个因素相互作用，共同影响皮肤状态。

首先，肤质是决定皮肤状态的基础因素。肤质的不同，决定了皮肤对外界环境刺激的敏感度和自我修复能力的强弱。例如，油性皮肤通常油脂分泌旺盛，毛孔粗大、容易堵塞，导致出现粉刺、黑头等问题，但油性皮肤具有相对更强的抗老化能力，这是因为油脂能够形成一层保护膜，防止水分流失和外界有害物质侵入。而干性皮肤则相反，它缺乏油脂，容易干燥、脱皮，易产生细纹等。干性皮肤需要更多的保湿和滋润，以保持皮肤的水油平衡。此外，混合性皮肤则是油性和干性皮肤的混合体，T区油腻，而两颊干燥，护理起来需要分区对待。而敏感性皮肤则更为脆弱，容易受到外界刺激，产生红肿、瘙痒等过敏反应。

其次，性别对皮肤状态的影响也不容忽视。男性和女性的皮肤在生理结构和激素水平上存在差异，这导致了他们在皮肤状态上的不同。男性皮肤通常较厚，毛孔粗大，油脂分泌旺盛，因此更容易出现痤疮、黑头等问题。而女性皮肤则较为细腻，但更容易受到激素变化的影响，如月经期间的皮肤敏感和更年期后的皮肤松弛等。

最后，年龄对皮肤状态的影响是最为显著的。随着年龄的增长，皮肤逐渐失去弹性，会变得松弛下垂。同时，皮肤内的胶原蛋白和水分逐渐减少，导致皱纹和细纹的出现。此外，皮肤的新陈代谢速度也会减缓，使得皮肤自我修复能力下降。

然而，值得注意的是，每个人的皮肤状态都是独一无二的，受到多种因素的影响。除了肤质、性别和年龄外，饮食、生活习惯、环境因素等也会对皮肤状态产生影响，需要综合考量。

参考文献

[1] Anderson，Laura. The Role of Surfactants in Skin Cleansing[J]. Journal of Cosmetic Science，2019：35（2）.

[2] Brown，Robert. Biological Mechanisms of Skin Aging[J]. Journal of Dermatology，2019：15（4）.

[3] Grice，E.，Segre，J. The skin microbiome[J]. Nat Rev Microbiol，2011：9.

[4] Johnson，Emily. Innovations in Facial Cleansing Products[J]. International Journal of Cosmetic Science，2018：28（3）.

[5] Smith，John. The Science of Skin Care[M]. HarperCollins，2020.

[6] Smith，Michael. Skin Microbiome and Cleansing Products[M]. Wiley，2020.

[7] Thompson，David. Trends in Cosmetic Science[J]. Cosmetic Chemistry，2020：22（1）.

[8] Wilson，Emma. Environmental Impact of Cleansing Products[J]. Environmental Science and Technology，2021：40（5）.

[9] Wilson，Mark. Advanced Skin Care Techniques[M]. Oxford University Press，2021.

CHAPTER 2

| 第二章 |

"皮肤清洁指南"
导读

■ 一、洁肤产品的分类与各部位常用清洁产品

根据清洗部位，可将洁肤产品分为以下三类。

（一）洁面产品

（1）洗面奶：包括洁面膏、洁面乳、洁面露、洁面啫喱等。

（2）卸妆产品：包括卸妆水、卸妆乳、卸妆油、卸妆膏、眼唇卸妆水等。卸妆水、卸妆乳用于卸去淡妆或水性配方的彩妆；卸妆油、卸妆膏多用于卸除浓妆或油性配方的彩妆。卸妆后有时还需根据卸妆产品及个人肤质情况，用洗面奶进行二次清洁。

（3）磨砂膏或去角质膏：磨砂膏是含有均匀细微颗粒的洁肤产品，通过在皮肤上的物理摩擦去除老化的角质细胞碎屑。去角质膏或啫喱是利用产品涂搽过程中析出的黏性胶裹挟老化角质剥脱，促使细胞更新换代，让皮肤显得光亮柔嫩。过度频繁使用磨砂膏或去角质膏可能导致皮肤敏感、真皮血管扩张等。

（二）洗护产品

（1）发用产品：预洗啫喱、洗发水、洗发露、洗发膏、洗发皂、护发素、护发乳、护发霜、护发膜、护发膏等。

（2）非发用产品：沐浴露、沐浴乳、沐浴油、沐浴块、沐浴泡泡、洁肤露等。

（三）其他皮肤清洁剂

针对婴幼儿皮肤、毛发和会阴部的清洁剂等，性质更加温和，安全性更高。

二、各部位皮肤清洁

（一）头皮与毛发清洁

头发清洁的频率因人而异，以头发不油腻、不干燥为度。洗发的水温略高于体温，以不超过 40℃ 为宜。洗发的时间建议为 5~7 分钟。头发用水浸湿后，先将起泡后的洗发产品涂抹在头发上，搓揉约 1 分钟，再用清水冲洗干净。为了中和洗发产品过高的 pH 值，防止毛发因静电引力导致打结，可以用护发素将头发再洗一遍。使用护发素时，注意不要接触头皮，不宜直接将护发素涂在头皮上按摩，可能会使护发素中的各种添加剂渗透入皮肤，长期错误使用会造成头皮伤害。根据毛发情况和个人喜好，可以不定期地使用护发乳等其他护发产品。

（二）面部清洁

每天早晚都应清洗一次面部。水温随季节转换而变化：过冷的水会使毛孔收缩，不利于彻底去掉污垢；过热的水会过度去脂，破坏皮脂膜。清洁产品及水温需要根据皮肤特点来选择，如油性皮肤可采用清洁力度相对较强的产品，交替使用热冷水进行清洁——热水有助于溶解皮脂，冷水避免毛孔扩张。若处在气候炎热的环境，或使用了防晒剂及粉质类化妆品等，需使用对应清洁效果的洁面产品。例如，使用部分彩妆产品后需用卸妆产品清洁面部，洁面后喷润（爽）肤水或搽保湿霜等，以恢复皮脂膜，维护皮肤正常的 pH 值。

（三）身体清洁

应根据体力活动的强度、是否出汗和个人习惯等适当调整身体清洁的频率。一般情况下，每隔 2~3 天沐浴一次，在炎热的夏季或喜欢运动者可以每天洗澡。水温以体温为准，夏季可低于体温，冬季可略高于体温。沐浴时间控制在 10 分钟左右。如果每天洗澡，每次 5~10 分钟即可。洗澡间隔时间长者可适当延长沐浴时间，但不宜超过 20 分钟。沐浴方式应以清洁皮肤为目的，采用流动的水淋浴为佳。若以放松或治疗为目的，则推荐盆浴，一般先行淋浴，去掉污垢后再进入浴缸浸泡全身。洗澡时用手或柔软的棉质毛巾轻轻擦洗皮肤，避免用力搓揉或用粗糙的毛巾、尼龙球过度搓背，以免破坏皮肤屏障，影响皮肤功能。

（四）手部清洁

沾染于双手的物质，如尘土等，用清水冲洗即可；若接触到有机物或油腻的污垢，需使用洗手液、香皂等清洁双手；仅在可能接触到病原微生物或医院无菌操作时，才需使用含有消毒杀菌功效的清洁产品。洗手以流动的水为宜，手心、手背、指缝、指尖和手腕都需清洁到位，洗手后可适当使用护手霜。

（五）足部清洁

双足汗腺丰富，利于微生物滋生。从清洁和保健的角度来说，每晚睡前都应该清洁双足。水温以皮肤舒适为度，3~5分钟即可。如以保健或解乏为目的，水温可达40~41℃，时间可延长到15~20分钟。需注意的是，水温过高或浸泡时间过长均可破坏皮肤屏障，扩张足部血管，长期可导致静脉曲张，甚至出现皮炎、湿疹等。足跖皮肤无皮脂腺，汗液分泌旺盛，通常用清水清洁即可。在干燥寒冷的季节或皮肤干燥的老年人，洗脚后需涂搽油脂丰富的保湿霜。如有脚臭，可用有抑菌作用的香皂；如有角化过度问题，可用含水杨酸、尿素等促进角质软化或剥脱的清洁产品。

（六）会阴部清洁

会阴部透气性差，是人体排泄和生殖道开口处，需每天做常规清洁。此处皮肤薄嫩，一般情况下用水清洗即可，如有特别污染，建议选用温和无刺激的清洁产品。

三、特殊人群皮肤清洁

（1）新生儿：新生儿的皮肤结构特殊，宜用清水沐浴，或使用对眼睛无刺激的新生儿专用沐浴液，浴后涂搽婴儿专用的润肤剂，防止新生儿皮肤干燥。

（2）婴幼儿：建议使用添加了保湿成分的弱酸性或中性沐浴液，新生儿或小婴儿可以用清洁身体的沐浴液洗头；较大婴幼儿可选用温和且不刺激眼睛的洗发产品。

（3）青少年：青少年体力活动强度大，皮脂分泌相对旺盛，可以增加皮肤清洁的频率，男性可选择温和且清洁力相对好一些的清洁产品。

（4）老年人：由于老年人代谢活动低下，皮肤多干燥，洗澡不宜过于频繁，应根据气候环境适当调整；水温不宜过高，否则容易将皮肤上的天然油脂过度洗脱，皮肤血管扩张，导致心脏不适等。为缓解皮肤干燥，无论洗浴与否，老年人每天都可涂搽保湿剂。

（5）孕产妇：孕产妇皮肤代谢旺盛，应该使用温和的清洁产品，照常洗头、洗澡，避免各种相关疾病的发生，具体情况建议及时咨询专业医生。

四、皮肤亚健康或某些常见疾病的皮肤清洁

当皮肤处于亚健康状态或存在某些疾病时，需要更加慎重地选择清洁产品，以促进皮肤恢复或维持正常功能。

（1）皮肤干燥：包括干性皮肤、皮肤瘙痒症、乏脂性皮肤病（如鱼鳞病）等情况，应尽量少用皮肤清洁产品，仅以清水洗浴，或根据皮肤情况、季节和地域不同等，选择使用性质温和的清洁产品。

（2）皮肤不耐受或皮肤过敏：此类皮肤对环境的耐受度降低，包括常见的日光性皮炎、接触性皮炎、特应性皮炎、玫瑰痤疮等，建议仅用清水洗浴，或使用专门针对此类皮肤的医用舒缓类清洁产品。

（3）脂溢性皮肤：根据皮脂量的多少调节清洁剂使用量和清洁频率，选用针对油性皮肤的清洁产品，如香皂、浴盐、富含泡沫的洗面奶等。若有明显丘疹、脓疱等情况，可使用含二硫化硒或硫黄的产品，以起到控油、抑菌的作用，建议选用温和的控油洁面乳，防止过度清洁而破坏皮脂膜。

（4）其他皮肤疾病：根据病因、发病机制以及临床表现来制订皮肤清洁计划，具体情况建议咨询医生。

CHAPTER 3

| 第三章 |

清洁产品技术发展的历史沿革

一、清洁产品技术的发展

清洁产品技术发展是一个持续进化的过程，从最基础的天然成分到现代高科技配方的转变，反映了人类对卫生、美容和健康认知的深化以及化学和生物科技的进步。以下是这一历史沿革的概述。

（一）古代：天然成分的使用

皂基表面活性剂的诞生是非常偶然的事情，就从羊油肥皂说起吧。别看羊油肥皂现在是日化 DIY（Do It Yourself，自己动手制作）爱好者的新宠，但其已经有 4000 多年的历史了。

公元前 2500 年左右，古埃及的一个厨师无意间发现羊油和炭灰混合后，洗手特别干净，这便是羊油肥皂的雏形。再到公元 70 年左右，罗马帝国的学者普林尼第一次用羊油和草木灰制作出了块状肥皂。

这种用羊脂、烧碱等原料生产的肥皂成本很高，一直都是上层贵族才用得起的奢侈品。制作的过程涉及早期化学反应的基本原理，尤其是皂化反应。皂化反应的科学原理：皂化反应是一种酯类分解反应，其中脂肪或油（长链三酯）与强碱（通常是氢氧化钠或氢氧化钾的水溶液）反应，生成甘油和皂（脂肪酸盐类）。

利用这一化学反应的原理来制备清洁剂，具体过程如下。

（1）获得碱性物质：通过燃烧植物（尤其是富含钾盐的植物）

获得植物灰，这种灰含有碳酸钾和其他碱性物质，可以作为皂化反应中的碱源。

（2）准备动物脂肪：收集动物脂肪，如羊脂或牛脂，经过初步加工以去除杂质。

（3）混合并加热：将获得的植物灰（碱性物质）和动物脂肪按一定比例混合并加热；加热过程中，碱性物质与脂肪发生反应，产生皂和甘油。

（4）形成与分离：随着反应的进行，混合物中会形成黏稠质地的肥皂，此时，通过增加水量，可以帮助肥皂与未参加反应的物质分离。

（5）清洗与固化：清洗肥皂以去除残留的植物灰和未反应的脂肪，然后把肥皂置于模具中使其固化成型。

这种由植物灰和动物脂肪制成的清洁剂，虽然制备过程较为原始，但它们的使用有效地体现了古代人们对化学反应的利用以及对个人卫生的关注。这一技术不仅限于身体清洁，也可能被用于纺织品和其他物品的清洁，显示了早期化学技术应用的先进性。

在同处古阿拉伯地区的叙利亚，则发展出专属的"叙利亚阿勒颇古皂"，又称为"叙利亚古皂"或"阿勒颇古皂"。

阿勒颇是有史以来最早制造和使用香皂的地方，它的起源可以追溯到数千年前。公元前13世纪，腓尼基人在开发西北叙利亚时，古皂就被大部分人知晓和使用了，而在那个时候，古皂只是半液体状态的简单肥皂乳液。

阿勒颇地区属于地中海沿岸，具有得天独厚的地理环境，造就了叙利亚阿勒颇古皂与众不同的特性。与古埃及的羊油肥皂不同，当地人因地制宜，将橄榄油、月桂油与碱液混合，制成橄榄皂。所以，阿勒颇古皂从大类上属于橄榄皂，又根据制皂过程中使用橄榄油品质的不同，分为特级初榨橄榄古皂、优质初榨橄榄古皂和普通初榨橄榄古皂等。

在我国古代，根据史料记载，先秦时期所使用的清洁用品被称为"潘"，并在《礼记》中得到了印证，其中《玉藻》一篇明确描述了当时的洗浴习俗，文中写道："日五盥，沐稷而靧粱。"这里，"沐"指的是洗发，"沐稷"意即使用淘洗过稷的水来清洁头发；而"靧"表示洗脸，"靧粱"则是用淘洗过高粱的水来洁净面部。用现代的说法来讲，就是先秦时期的中国人使用洗粮食的水来清洁面部和身体。

尽管"淘米水"作为洗涤用品的成本看似不高，但在古代粮食并不充裕的情境下，对于普通家庭而言，却是一种奢侈品。因此，古人巧妙地寻找到了另一种更经济的洗涤材料——皂荚。皂荚，这一得天独厚的原料，源自中国特有的豆科皂荚树，其所结的果实富含皂质，其汁液具有出色的去污功效。荚的品种多样，去污效果各有其特点。

"肥皂"一词则出现于唐代苏敬等人所编撰的《唐本草》中。书中对皂荚的品质进行了区分：猪牙皂荚和猪胰子皂。

猪牙皂荚因其形状弯曲、质地薄劣、去污效果不佳而被视为次品。明清时期的"肥皂"得到进一步升级，加入了动物脂肪和名贵香料。

猪胰子皂，顾名思义就是使用猪油来皂化。在华北地区，至今仍沿袭着冬季杀猪之后，制作猪胰子皂的传统，代替香皂来洗手、沐浴，这种"猪胰子皂"质地细腻、去污力强、温和不伤皮肤，而且猪油属于固态油脂，其封闭性能有效地解决手冻手裂、皮肤干燥等问题，是一种纯天然、绿色环保的清洁养肤佳品。

猪胰子皂最早可追溯到唐朝。唐朝孙思邈的《千金要方》和《千金翼方》曾记载，把猪胰腺的污血洗净，撕除脂肪后研磨成糊状，再加入豆粉、香料等，均匀地混合后，经过自然干燥便可制成澡豆。澡豆在古代可以说是"全能化妆品"：可用于洗手、洗脸、洗头、沐浴、洗衣服等，是居家必备的东西。现代科学分析发现，胰腺中的消化酶与豆粉中的皂苷和卵磷脂等成分有效融合，能更深层清洁污垢、角质，也有滋养肌肤的作用。

（二）17 世纪到 19 世纪：香皂的普及和创新

17 世纪：香皂制作成为一项重要的工业活动，尤其在欧洲，香皂开始被广泛用于个人卫生。

18 世纪末：法国化学家尼古拉斯·勒布朗（Nicolas Leblanc）发明的勒布朗制碱法，标志着工业化生产纯碱的开始。勒布朗制碱法通过处理食盐（氯化钠）来生产纯碱（碳酸钠），为香皂和玻璃等产业提供了关键原料，大大降低了成本，促进了这些产品的普及。

勒布朗制碱法包括 3 个关键步骤。

（1）盐酸化：首先，将食盐（NaCl）与硫酸（H_2SO_4）混合加热，产生硫酸钠和氯化氢气体。这一步骤的化学方程式为：

$$2NaCl+H_2SO_4=Na_2SO_4+2HCl\uparrow$$

（2）碳酸化：随后，将生成的硫酸钠与碳（来自煤炭）和石灰石（碳酸钙）混合加热。在这一过程中，碳首先将硫酸钠还原为硫化钠，然后硫化钠与碳酸钙反应生成碳酸钠（纯碱）和硫化钙。涉及的主要化学反应包括：

$$Na_2SO_4+2C=Na_2S+2CO_2\uparrow$$

$$Na_2S+CaCO_3=Na_2CO_3+CaS$$

（3）提取与精炼：反应完成后，混合物被水洗，以溶解并提取碳酸钠；然后通过蒸发和结晶过程，从溶液中回收碳酸钠，得到固体纯碱。

虽然勒布朗制碱法极大地推动了化学工业的发展，降低了纯碱的生产成本，使香皂等产品得以普及，但它也产生了大量副产品，如硫化钙和氯化氢气体，对环境造成了一定的负面影响。

19 世纪：工业革命期间，米歇尔·欧仁·谢弗勒尔（Michel Eugène Chevreul）在脂肪酸化学方面的研究，为香皂制造提供了科学基础。化学家们逐渐理解了皂化反应的本质，这为改进香皂配方和质量提供了理论支持。配方工艺逐步发展，并衍生出多种多样的香皂，例如，美容香皂、药用香皂、洗衣香皂等。

另外，工业革命使香皂生产规模化、机械化，也为商业化奠定了基础。随着城市化步伐加快，人们更注重个人卫生健康，香皂的广泛使用成为保持清洁和预防疾病的重要方式之一。香皂的价格下降和供应增加，使其逐渐从奢侈品变为日常生活必需品。

随着科技的发展和对环境影响的关注，19世纪后期，索尔维法（Solvay Process）作为一种更有效且对环境更友好的纯碱生产方法，逐渐取代了勒布朗制碱法。

（三）20世纪：合成清洁剂的兴起

合成清洁剂的发明和发展是20世纪化学工业的一个重大进展。这些清洁剂具有与传统肥皂相比更优异的性能，不仅用于工业清洁，也用于个人护理。

直链烷基苯磺酸钠（LAS）是最早期和最广泛使用的合成清洁剂之一。这类合成清洁剂的开发标志着清洁剂技术进入一个新时代，它们不仅在硬水中表现更佳，而且在低温下也能有效工作。时至今日，在家居清洁产品中，依然能看到LAS的身影。

20世纪50年代，化学家们进一步改进了硫酸化技术，通过将乙氧基化的脂肪醇与硫酸或发烟硫酸反应，制备出脂肪醇聚氧乙烯醚硫酸钠（AES）。AES由于其良好的性能和相对低廉的成本，迅速被应用于各种清洁产品和个人护理产品中，很快成为洗发水、洗洁精和家庭其他清洁剂的主要成分。

在消费市场，除了肥皂之外，也有更多的清洁用品可供人们选择，比如，洗发水、剃须膏、牙膏、牙粉等。新的品种逐渐出现，比如，护发素、定型产品、除臭剂和防晒霜等。也诞生了很多耳熟能详的个人护理品牌，比如，1909 年在法国成立的 L'ORÉAL（欧莱雅）、1923 年在中国上海成立的上海制皂以及 1931 年在中国上海成立的百雀羚（Pechoin）等。

20 世纪下半叶，随着化学工业以及生物技术的发展，越来越多高效、温和的清洁产品被开发出来并推向市场，提升了人们的生活质量和健康水平。

（四）21 世纪：向绿色化学和个性化清洁产品的转型

1. 环保意识的提升

21 世纪，消费者开始偏好使用环境友好、成分天然的清洁产品，促进了绿色化学在清洁产品开发中的应用。环境友好和成分天然的洁肤、洁面和洁发产品越来越受到消费者的青睐，主要是因为它们利用天然成分的独特性质来提供温和且有效的清洁效果，同时尽量减少对环境的负面影响。这些产品的制造过程涉及提取和利用天然原料的生物活性成分，以及采用环境友好的生产技术。以下列举 4 类主要的天然成分。

（1）天然表面活性剂，如椰油酰胺丙基甜菜碱（CAB）、葡萄糖苷等，是从椰子油和玉米糖等天然资源中提取的。这些成分能够温和地去除皮肤和头发上的污垢与油脂，同时保持肌肤的自然水油平衡。它们通过疏水亲油的分子结构吸附并包裹污垢，使其能够在水中分散并被冲洗掉。

（2）天然保湿剂：甘油、透明质酸和天然油脂（如橄榄油、甜杏仁油等）都是从植物中提取的，能够有效保持皮肤和头发的水分，避免清洁过程中导致的干燥。其中，透明质酸因其卓越的水分保持能力而受到重视，可以从各种植物和微生物发酵过程中获得。

（3）天然去角质成分，例如，杏仁壳粉、海盐和咖啡渣等天然物理去角质成分，以及从柠檬酸和乳酸中发现的 α – 羟基酸（AHA）和 β – 羟基酸（BHA），可以温和去除死皮细胞，促进皮肤更新。它们比化学合成的去角质成分更加温和，而且对环境的影响较小。

（4）天然精油和植物提取物：天然精油（如薰衣草油、茶树油等）和植物提取物（如绿茶提取物、芦荟提取物等）不仅可提供天然香气，还具有抗菌、消炎和舒缓皮肤的作用。这些成分通过蒸馏、冷压或水 / 醇提取等方法从植物中获得，保证了活性成分的高效性和安全性。

制造天然清洁产品时，采用的技术旨在最大限度地保留原料的天然性质和生物活性，同时确保生产过程的环境友好性。例如，采用低温提取技术和非溶剂提取技术可以减少能源消耗并避免有害化学物质的使用。此外，可持续性原料和生物可降解性包装材料的使用也是这些天然产品技术细节中不可忽视的一部分，旨在减少对生态系统的影响并支持循环经济的发展。

总之，天然洁肤、洁面和洁发产品的开发不仅侧重于提供高效且温和的清洁效果，还强调了从原料采集、生产、包装全生命周期的环境友好性和可持续性。

2. 技术创新

包裹技术、生物技术和高分子科学的进步，使得清洁产品能够在生产效率、安全性和功能性上取得突破。通过这些技术开发出的新型清洁和护理产品，能够更深入地清洁，同时为皮肤和头发提供额外的保护与修复。

纳米脂质体和微胶囊技术：这些技术使活性成分能够更有效地渗透皮肤，提高产品的保湿和抗老化效果，如虾青素、辅酶Q10、超氧化物歧化酶（SOD）、艾地苯醌的脂质体等，保护活性成分不被氧化，直到被皮肤吸收时才释放，从而提高效能。微胶囊可以封装缓释成分，比较常见于制作香精、杀菌剂等，赋予产品更低刺激、更长效的使用体验。

3. 生物技术

在洁发产品中使用特定的酶，如脂肪酶和蛋白酶（木瓜蛋白酶和菠萝蛋白酶），可以更有效地去除头皮和头发上的油脂与蛋白质污渍。这些酶基于它们特定的作用机制，可以在温和的条件下分解复杂的分子，从而提供一种温和而有效的清洁方法。

发酵技术通过微生物发酵得到的天然成分，如多糖类（酵母葡聚糖、透明质酸类等）、有机酸类、氨基酸类成分等，可以提供显著的滋养和保护效果。发酵过程中产生的成分往往具有高度的生物相容性和活性，有助于皮肤和头发的健康。

发酵油技术：利用亲油类微生物——"嗜油菌"对天然油脂进行发酵，产生特殊的酶物质可以使烃类物质的末端逐步氧化成相应的脂肪酸，而脂肪酸可以进一步作为碳源参与微生物的代谢过程。而甘油酯类物质可通过微生物产生的胞外水解酶将其水解成羟基脂肪酸，最终将天然油脂转化为甘油三酯改性物、脂肪酸衍生物、糖脂类、胆碱类物质，具有温和、滋养、高度亲肤性等特点，是近年来热门的清洁成分。

高分子科学：聚合物微球用于控制释放技术，可以在一定时间内缓慢释放活性成分，确保皮肤和头发得到长时间的滋养。生物可降解高分子不仅提供了洁肤和洁发产品中所需的黏稠度和质感，使用后还可以在自然环境中快速降解，减少环境污染。

这些技术的发展不仅提高了洁肤、洁面和洁发产品的性能，还增强了产品的安全性和环境友好性。通过精确控制成分的释放和作用机制，这些高科技产品能够满足消费者对健康、使用效果和可持续性的高标准要求。

4. 个性化和定制化

随着消费者对个性化产品的需求增加，市场上出现了更多针对特定皮肤问题、皮肤类型或个人偏好定制的清洁产品。总体而言，清洁产品的技术发展历史是由简单到复杂、由自然到合成再到融合自然和科技创新的过程，反映了人类对清洁、健康和环境可持续性认知的不断进步。

在现代的清洁类产品中，大量使用表面活性剂以起到起泡清洁、乳化去污的效果，所以表面活性剂技术的发展直接带动了清洁产品配方技术的革新。

■ 二、表面活性剂技术的发展

个人护理用品和家庭日用产品中常用的表面活性剂的发展变迁如图 3-1 所示，从脂肪酸皂化形成的脂肪酸盐（皂）开始，随着时间的迁移，使用清洁力更强及水溶性更高的合成表面活性剂便多了起来。

其主要的阴离子表面活性剂从烷基苯磺酸盐向生物可降解性更好、温和性更好的氨基酸盐体系变化，阳离子表面活性剂的生物可降解性成了探讨的课题，非离子表面活性剂也在追求更强的污渍溶解性、乳化性、胶束结构的调节性能上不断发展，两性表面活性剂在稳泡、增泡、增强温和性方面不断突破，详见本书第四章。

作为个人护理类的清洁剂，很久以前一直广泛使用的是固体皂，由脂肪酸盐制成。近 20 年来，随着精细化工技术的发展，表面活性剂种类大大丰富，液体清洁剂（如沐浴露、洗发水、洁面乳等）得到普及，而且产品类型也越来越丰富。

从固体皂变为液体洗涤剂、从碱性变为弱酸性，个人护理类清洁产品的配方在追求清洁力更强、温和性更好、体验感更好、环境更友好的方向上不断突破。其今后的发展方向是将清洁产品与护肤产品相结合，在反复使用的情况下，使更多的皮肤护理功效在清洁类产品中得以实现。

个人护理类清洁产品，除了主要的清洁剂（主要起效成分为表面活性剂）之外，往往还会搭配洗涤助剂来改善产品泡沫性能

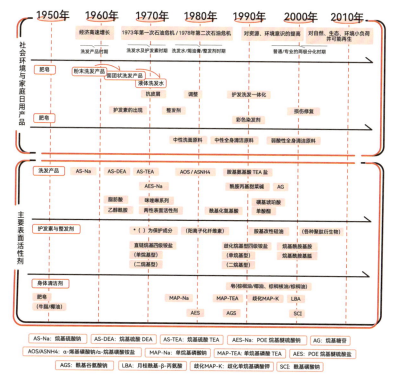

图 3-1 个人护理用品和家庭日用产品中常用的表面活性剂的发展变迁
资料来源：NIKKOL GROUP，最新化妆品手册 Ⅱ 卷.

和清洁力等，以及使用助水溶剂、皮肤和头发调理剂、酸、碱、香精、防腐剂、皮肤和头皮功效物等辅助成分来达成综合的产品性能。

现阶段是功效类护肤产品抢占市场的时期，清洁类产品也被赋予更多期待。比如，洁面产品中，具有保湿、控油、舒缓、修护、去角质、祛痘等功效的产品市场占比不断提高，其中保湿、控油、舒缓、修护等功效由于有确定的评价方法（标准）而持续得到消费者认可。洗发类产品的防脱发、去屑、发质修护、控油、舒缓等功效备受用户青睐。

参考文献

[1] 裘炳毅 . 化妆品化学与工艺技术大全（上、下）[M]. 北京：中国轻工业出版社，2006.

[2] 秦卉，刘伟毅 . 肥皂与洗涤剂的历史（上）[J]. 日用化学品科学，2016，39（6）：55-58.

[3] 王祥荣 . 猪牙皂花果生物学研究 [D]. 曲阜师范大学硕士学位论文，2022.

[4] 阎世翔 . 化妆品科学（上）[M]. 北京：科学技术文献出版社，1995.

[5] 阎世翔 . 化妆品科学（下）[M]. 北京：科学技术文献出版社，1998.

[6] Anderson, Laura. Technological Innovations in Skin Cleansing[J]. Journal of Cosmetic Science, 2020：36（2）.

[7] Brown, Robert. Customizable Cleansing Solutions[J]. Cosmetic Science, 2020: 24 (3).

[8] Johnson, Emily. Personalized Skin Care: The Next Frontier[J]. Journal of Cosmetic Dermatology, 2019: 32 (4).

[9] Smith, John. Personalized Skin Care Solutions[M]. HarperCollins, 2021.

[10] Smith, Michael. Customizable Skin Care[M]. Wiley, 2020.

[11] Wilson, Emma. Impact of Personalized Cleansing Products on Skin Health[J]. Environmental Science and Technology, 2021: 42 (4).

第四章

清洁产品的科学
与技术组成

一、清洁产品的剂型与配方体系概要

清洁产品的剂型随着人们需求的提升和技术的进步而变化，也随着企业营销、创新的精进而变化，其中个性化的需求和技术进步的影响相对较大。随着生活水平的提高，人们希望清洁产品能够满足其个性化的需求也越来越强烈，逐渐形成了细分市场。技术的进步使得不同剂型的产品在细分市场的功能性逐步完善，一些产品品类的地位得到巩固和发展，也有一些产品品类没落甚至被淘汰。个性化的需求，包括清洁的适度性，以及针对不同皮肤类型（如油性、干性、混合型、敏感型等）的特殊需求等。

从温和角度出发，在能用清水清洗即可满足需求的情况下，推荐用清水即可。清洁产品按其主要成分（主要表面活性剂）的不同，可分为皂类清洁剂（时间上较早出现）和合成型清洁剂（非皂类清洁剂的总称）。

当前，清洁产品的剂型种类繁多，分类方法多样，我们按照使用部位的不同、清洁需求的不同（普通清洁和化妆清洁）、产品形态的不同（稀薄容易流动、有一定黏度较易流动、半固体可流动、固体等），以及行业对产品剂型的共识进行归纳整理，分类如下（可能尚有未纳入的品类）。

面部清洁产品：洗面奶、洁面膏（皂基洁面膏、氨基酸洁面膏）、洁面乳、无泡洁面、洁颜蜜、洁面啫喱、洁面泡沫／慕斯、洁面粉、洁面皂和面部去角质等。

身体清洁产品：沐浴露、沐浴乳、沐浴啫喱、沐浴泡沫／慕斯、沐浴油、沐浴皂、沐浴盐和身体磨砂膏等。

卸妆产品：卸妆水、卸妆湿巾、卸妆油、卸妆膏、卸妆啫喱／凝胶等。

头发清洁产品：洗发水／露／乳、洗发膏以及头皮清洁剂等。

头发护理产品：护发素、护发乳、发膜等。

手部清洁产品：洗手液、免洗洗手液及手部去角质产品等。

指甲清洁产品：卸甲油、美甲液等。

口腔清洁产品：牙膏、牙粉、漱口水等。

私处清洁产品：私处清洗液等。

足部清洁产品：足浴盐、爆炸盐等。

手部清洁产品侧重于安全性，避免由于残留且抓拿食物误入口中。面部清洁产品侧重于温和性，比如，对皮肤和眼睛的温和性。身体清洁产品侧重于易于大面积涂抹，易于冲洗。头发清洁产品侧重于对头发的清洁和调理。足部清洁产品侧重于去角质和除脚气。口腔清洁产品侧重于清除异味和牙齿护理。私处清洁产品侧重于保持菌群平衡。指甲清洁产品需注意减轻指甲干燥。

以上剂型除少数种类（如免洗洗手液）外，其余产品或多或少，都使用了表面活性剂，这是由表面活性剂的特性决定的。产品形态的不同，可以通过增稠剂，如无机盐类、有机类高分子以及固体蜡、酯、醇等的应用加以调节。

清洁，利用的是相似相溶的原理，可以分为以水为溶剂的产品、以油为溶剂的产品，或者油水均不使用（以赋形剂为载体）的产品。以水为溶剂的产品，其配方成分大致为：水、表面活性剂、增稠剂、保湿剂、防腐剂、色素、香精、调理剂等；以油为溶剂的产品，其配方成分大致为：油、表面活性剂、增稠剂、保湿剂（润肤剂）、防腐剂、色素、香精、调理剂等；以赋形剂为载体的产品，其配方组成大致为：赋形剂、表面活性剂、防腐剂、色素、香精、调理剂等。

从总的趋势来看，清洁产品的剂型逐步多样，对温和性、安全性要求越来越高，甚至对于环境保护的要求也在提升，例如，可持续发展、对水生生物毒性小、易于降解等。

后文将从表面活性剂、表面活性剂的清洁应用、防腐剂、色素、香料等角度分节进行论述。

因为清洁产品的主要成分是表面活性剂，所以对于主要表面活性剂种类的选择、表面活性剂的组合应用、选用合适的增稠剂以及对温和性的理解显得至关重要。以下选择一些案例进行讲解。

（1）从最新的消费报告来看，以氨基酸表面活性剂为主的洁面产品，更受消费者青睐。原因是氨基酸表面活性剂的温和性要优于皂基，体系的 pH 值也以弱酸性为主。

（2）强生婴儿洗发沐浴露，选用 AES 和吐温 28（PEG-80

失水山梨醇月桂酸酯）进行组合，其临界胶束浓度更低，形成的胶束更大，可以满足无泪配方的需求，这是表面活性剂组合的应用。

（3）少部分欧美高端皂基洁面膏仍受一些消费者欢迎，是因为这些消费者对于泡沫和渗入性的关系理解更深入（绵密的细小泡沫，表面活性剂的渗入相对较少）。

（4）丝塔芙洁面，仍然使用 AES 作为表面活性剂，却被不少皮肤科医生所推荐，是因为该产品将 AES 和鲸蜡醇（在产品中也可起到增稠剂的作用）形成混合胶束，而且鲸蜡醇能形成强度和硬度很高的液膜。

技术一直在发展，需求一直在增多，产品品类也变得更为丰富！科学技术的进步不是一蹴而就的，人们对于清洁的争论也从未停止过。

二、表面活性剂

表面活性剂家族是一个赫赫有名的大家族，与人类社会生活息息相关，素有"工业味精"之称，是许多工业生产中必不可少的化学助剂，其用量小、收效大。在纺织、制药、化妆品、食品、造船、土建、采矿以及洗涤剂等领域都有它们的身影。

表面活性剂在个人清洁用品中的应用非常广泛，其功能包括清洁、乳化、发泡、润湿、分散和溶解等。在洗发水、沐浴露、洁面、卸妆等产品中，都能看到表面活性剂的影子。

本书侧重于介绍表面活性剂在清洁产品中的应用，为了让主要内容更加紧凑，对于高深的物理和化学理论作了相应的取舍，不再详细叙述。

（一）表面活性剂概论

1. 表面活性剂的结构与基本特征

表面活性剂（Surfactant）是一类能够显著降低两种液体间、液体—气体间、液体—固体间的表面张力或界面张力的物质。它们具有两亲分子结构，一端是亲水基团（通常是极性或带电的基团），另一端是疏水基团（通常是非极性的烃基）（见图 4-1）。这种特殊的分子结构使得表面活性剂可以在界面上自发排列，从而降低界面张力，达到改善润湿性、乳化性、发泡性和分散性的效果（见图 4-2）。

表面活性剂有：非离子表面活性剂、阴离子表面活性剂、阳离子表面活性剂、两性表面活性剂等。

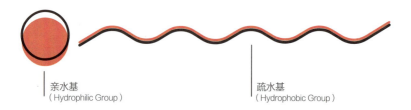

亲水基
（Hydrophilic Group）

疏水基
（Hydrophobic Group）

图 4-1　表面活性剂分子结构

资料来源：董睿. 离子型表面活性剂的固液界面性质研究 [D]. 贵州大学硕士学位论文，2019.

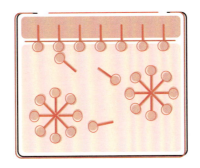

图4-2 表面活性剂在表面的吸附和胶束的形成
资料来源：张冉冉，杜玉兰，范培浩. 化妆品企业常用表面活性剂概述 [J]. 中国洗涤用品工业，2023（11）：32-42.

凡能离解成离子的叫作离子型表面活性剂，凡不能离解成离子的叫作非离子表面活性剂。而离子型表面活性剂按其在水中生成的表面活性离子种类，又可分为阴离子、阳离子和两性表面活性剂三大类。除此之外，还有天然表面活性剂。

（1）阴离子表面活性剂：在水中其表面活性剂的部分带负电荷。

阴离子表面活性剂是表面活性剂中发展历史最悠久、产量最大、品种最多、用途最广的一类。它是洗发水、沐浴露、洗手液等个人清洁用品的主要活性组分。

常见的阴离子表面活性剂有羧酸盐型、硫酸盐型、磺酸盐型、磷酸盐型等。

①羧酸盐型。脂肪酸盐类是最常见的羧酸盐型阴离子表面活性剂，例如，皂基洁面膏中的高级脂肪酸钾，香皂中的高级

脂肪酸钠，透明皂中的高级脂肪酸三乙醇胺盐等。较新的羧酸盐型表面活性剂有：月桂基葡萄糖羧酸钠、月桂基甘醇羧酸钠、月桂醇磺基琥珀酸酯二钠。月桂醇磺基琥珀酸酯二钠属于磺基琥珀酸酯盐。磺基琥珀酸酯盐存在两个阴离子基团：一个羧酸盐，一个磺酸盐。氨基酸型表面活性剂其阴离子大部分也是羧酸盐类。

②硫酸盐型：脂肪醇硫酸钠（AS）、脂肪醇（醚）硫酸铵、AES。其中，AES 兼具非离子和阴离子表面活性剂的一些特性，其溶解性、抗硬水性、起泡性和润湿力均优于 AS，且刺激性相对较低。

③磺酸盐型。最早开发的磺酸盐型阴离子表面活性剂有烷基苯磺酸钠（ABS 或 LAS），其中 ABS 烷基 R 有支链，不易被生物降解。较新的磺酸盐型表面活性剂有：α-烯基磺酸钠（AOS）、椰油基羟乙基磺酸钠。AOS 常见于洗发水中，椰油基羟乙基磺酸钠常见于联合利华公司的洗护产品。

④磷酸盐型。当前应用最多的磷酸盐型阴离子表面活性剂是月桂醇磷酸酯钾，在沐浴露中添加 5% 左右，可以减少 AES 冲洗时的滑感。

阴离子表面活性剂使用时需注意临界溶解温度 ① （Krafft 点）。

————————

① 离子型表面活性剂的溶解度随温度的升高而增加，当温度增加到一定值时，溶液突然由浑浊变澄清，此时所对应的温度成为离子型表面活性剂的临界溶解温度。

（2）阳离子表面活性剂：阳离子表面活性剂在水溶液中离解时生成的表面活性离子带正电荷。在阳离子表面活性剂中，最具有商业价值的是含氮阳离子表面活性剂。而在含氮表面活性剂中，根据氮原子在分子中的位置，又可分为常见的直链的铵盐、季铵盐、杂环类及氧化胺等。

阳离子表面活性剂的最大特征是其表面吸附力在表面活性剂中最强。因此，其去污力较差，通常不适用于洗涤和清洗，但在弱酸性溶液中它能洗去带正电荷的织物（如丝、毛织物等）以及毛发上的污垢。护发素的应用正是基于此点。护发素中常用的阳离子表面活性剂有：十六烷基三甲基氯化铵、硬脂基三甲基氯化铵、山嵛基三甲基氯化铵、山嵛基三甲基铵甲基硫酸盐、二棕榈酰氧乙基二甲基氯化铵、硬脂酰胺丙基二甲胺、山嵛酰胺丙基二甲胺等。

阳离子表面活性剂主要用作杀菌剂、柔软剂、抗静电剂等。

（3）两性表面活性剂：两性表面活性剂是指具有两种离子性质的表面活性剂。它在水溶液中能被电离，因介质条件不同而表现出阴离子表面活性剂的特性或阳离子表面活性剂的特性。常见的两性表面活性剂按其阳离子结构可分为四个类型。

①咪唑啉型，其阳离子部分是咪唑啉环，例如，椰油酰两性乙酸钠。

②甜菜碱型，其阳离子部分是季胺氮，例如，椰油酰胺丙基甜菜碱。

③卵磷脂型，例如，氢化卵磷脂。

④氨基酸型，其阳离子部分是伯胺或仲胺氮。常见的氨基酸型表面活性剂有：脂肪酰基甲基牛磺酸（盐）、脂肪酰基肌氨酸（盐）、脂肪酰基甘氨酸（盐）、脂肪酰基谷氨酸（盐）、脂肪酰基天冬氨酸（盐）等。氨基酸型两性表面活性剂[①]由于其温和性（通常成品为弱酸性制剂），具有良好的生物可降解性和安全性（低刺激性）。当前，其在洗发水、沐浴露、洁面产品中应用较多，甚至用于洗手液。

（4）非离子表面活性剂：非离子表面活性剂在水溶液中不发生电离。其亲油基（疏水基）和离子型表面活性剂一样，亲水基一般由羟基和聚氧乙烯构成。由于非离子表面活性剂在溶液中不是以离子状态存在，所以它的化学稳定性高，不易受强电解质、酸、碱的影响，与其他类型表面活性剂相溶性好。

清洁产品中，常见的非离子表面活性剂按分子结构可分为：聚氧乙烯型（多为聚氧乙烯醚，又称为聚醚型）、多元醇型、烷醇酰胺型等。

①聚氧乙烯型：脂肪醇聚氧乙烯醚（如 AEO）、吐温（司盘结构上引入聚氧乙烯链），以及新型的泊洛沙姆（为聚氧乙烯聚氧

[①] 氨基酸型两性表面活性剂的水溶液呈碱性。如果在搅拌时慢慢加入盐酸，变为中性时仍无变化，至微酸性时则生成沉淀；如果再加入盐酸至强酸性时，沉淀又溶解，呈现如同季铵盐阳离子的特性。由于通常使用氨基酸型表面活性剂的 pH 环境为弱酸至弱碱性，主要应用的是其阴离子特性，也有不少同行将其归为阴离子表面活性剂。

丙烯醚嵌段共聚物）。脂肪醇聚氧乙烯醚生物可降解性要好于烷基酚聚氧乙烯醚。泊洛沙姆的分散性能很好，还是医药可用的表面活性剂，可用于敏感部位。美宝莲的眼唇卸妆液使用泊洛沙姆作为主要表面活性剂。

聚醚型非离子表面活性剂使用时需注意浊点[1]，一般表面活性剂在水溶液中的溶解度随温度升高而增加，而聚醚型非离子表面活性剂在水溶液中的溶解度随温度升高而下降。浊点反映非离子表面活性剂亲水性大小，亲水性越大的，浊点就越高。在浊点附近，聚醚型非离子表面活性剂增溶能力达到最大平衡。

②多元醇型。多元醇型非离子表面活性剂是甘油、三羟甲基丙烷、山梨（糖）醇、蔗糖、聚葡萄糖、聚甘油、棉子糖等含有多个羟基的多元醇与高级脂肪酸形成的酯。常见的多元醇型有司盘（亲水基团为失水山梨醇）、蔗糖脂肪酸酯、烷基糖苷（APG）、聚甘油酯等。多元醇型非离子表面活性剂多见于卸妆产品中，如 PEG-20 甘油三异硬脂酸酯、聚甘油 -6 二癸酸酯、聚甘油 -10 二油酸酯、聚甘油 -2 油酸酯、山梨醇聚醚 -30 四油酸酯等。

③烷醇酰胺型。烷醇酰胺是脂肪酸和乙醇胺的缩合产物。常见的烷醇酰胺型有 CMEA（椰子油脂肪酸单乙醇酰胺）、椰油酰胺 DEA 以及较新出现的椰油酰胺甲基 MEA 等。烷醇酰胺具有使水

---

① 将聚醚型非离子表面活性剂的透明水溶液缓慢加热时，溶液开始呈现白色浑浊的温度称为它的浊点。

溶液变稠、悬浮污垢的特性，洗发水中添加它还可改善泡沫的触感，易于形成奶油状泡沫。

（5）天然表面活性剂：可能是表面活性剂发展的一个方向，主要包括三种。

①植物提取来源表面活性剂。应用较多的植物提取来源的表面活性剂有：皂荚皂苷，是天然的非离子表面活性剂；茶皂素；无患子果提取物，无患子果皮中含有丰富的皂苷和倍半萜糖苷，是一种天然的非离子表面活性剂，具有良好的表面活性和抑菌性。

②生物表面活性剂：指利用酶或微生物通过生物催化和生物合成方法得到的具有表面活性的物质，能够在自然界完全、快速地被微生物降解，不会对环境造成污染和破坏。根据结构不同，生物表面活性剂大致分为脂肽、糖脂、磷脂、中性类脂等。脂肽中较知名的如枯草菌脂肽钠（见图 4-3），其具有良好的乳化、分散、环境友好、低刺激性，与其他表面活性剂复配使用可大大降低其他表面活性剂的临界胶束浓度（CMC）。糖脂常见的是鼠李糖脂，其 CMC 较低，约为 80mg/L，乳化性能较好，卸妆性能较强，低刺激、环境友好。

③环境友好的表面活性剂：包括生物表面活性剂和以生物物质为基础的表面活性剂。前者是指由细菌、酵母和真菌等多种微生物产生的具有表面活性剂特征的两亲化合物，如糖脂、多糖脂、肽脂、中性类脂衍生物等；而后者是以生物表面活性剂的自

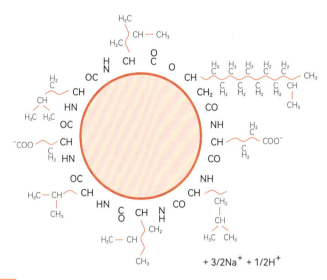

图4-3 枯草菌脂肽钠化学结构

资料来源: 邹清青, 欧阳琛璨, 堀川贵生, 等. 具有环状肽结构的生物表面活性剂——枯草菌脂肽钠 [J]. 中国洗涤用品工业, 2016 (2): 50-54.

然结构为基础合成的两性结构化合物, 可通过生物技术或化学方法使用可循环的原材料 (氨基酸、糖类、植物油等) 来合成。氨基酸型表面活性剂就是属于以生物物质为基础的表面活性剂。

通常来说, 清洁力排序: 阴离子表面活性剂>两性表面活性剂>非离子表面活性剂>阳离子表面活性剂。

起泡速度排序: 阴离子表面活性剂>两性表面活性剂>非离子表面活性剂>阳离子表面活性剂。

刺激性排序: 非离子表面活性剂<两性表面活性剂<阴离子表面活性剂<阳离子表面活性剂。

阴离子表面活性剂的清洁能力强, 起泡速度快, 在清洁产品中常用作主表面活性剂。

非离子表面活性剂在清洁产品中配伍性好，还可以起到增溶、增稠的作用。

两性表面活性剂可以吸附在带负电荷或正电荷的物质表面上，但不生成憎水薄层，因此有很好的润湿性。

阳离子表面活性剂的抗静电、柔顺毛发作用较好。

基于不同类型表面活性剂的特性，在产品配方开发中，我们常将其进行组合应用。

例如，将离子型和非离子型进行组合，混合体系的浊点比原来单一非离子表面活性剂的浊点高很多，而克拉夫特点则比单一阴离子表面活性剂低很多。这样，混合表面活性剂比单一表面活性剂的温度、硬度等应用范围宽得多。混合体系显示出很强的增溶能力，增强其分散性能。

又如，将阴离子型和两性离子型进行组合，可以增强其形成胶束能力和降低表面张力能力，使得混合胶束的临界胶束浓度值降低，降低产品的刺激性、改善产品的耐硬水性。组合后的增稠作用较好，泡沫特性得到改善，如泡沫的稳定性更好、泡沫更绵密。

2. 表面活性剂的物理、化学性质

表面活性剂表现出来的各种特性与它自身所具有的物理、化学性质密切相关。

（1）表面张力：更准确地说应称为界面张力，是一种使液体表面尽量缩小的力，也是液体分子间的一种凝聚力。我们看到的水滴、肥皂泡呈球形，少数昆虫可以在水表面行走，都是有关自然界中表面张力的现象。如前所述，表面活性剂可以显著降低表面张力。

（2）表面活性剂的吸附作用。物质从一相内部迁至界面，并富集于界面的过程叫吸附。吸附可以发生在固—液界面、固—气界面、液—液界面、气—液界面、固—固界面。将表面活性剂加入溶液中可以改变表面张力，进而影响吸附作用。作为吸附作用的延伸，表面活性剂可以使固体更容易分散在液体中。表面活性剂在固—液界面的吸附作用可以改变固体表面的润湿性质。表面活性剂在气—液界面和固—液界面的吸附，可以改变界面状态和界面性质。表面活性剂的润湿作用、分散作用、洗涤作用、乳化作用、泡沫作用等，都是与吸附作用密切相关的。

（3）表面活性剂的临界胶束浓度（CMC）。表面活性剂的表面张力、去污能力、增溶能力、浊度、渗透压等物理化学性质随溶质浓度变化而发生突变的浓度称临界胶束浓度（Critical Micelle Concentration，CMC）（见图 4-4）。在溶液中能形成胶团（胶束），是表面活性剂的一个重要特性（见图 4-5）。

（4）表面活性剂胶束体系中的浊点现象。将聚醚型非离子表面活性剂的透明水溶液缓慢加热时，溶液开始呈现白色浑浊的温度称为它的"浊点"（Cloud Point）（见图 4-6）。

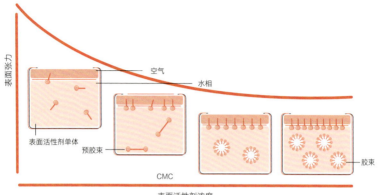

图 4-4　表面活性剂临界胶束浓度

资料来源：陈晓宇，李国伟，金旻．浅谈卸妆产品的研究进展 [J]. 日用化学品科学，2023，46（3）：48-52.

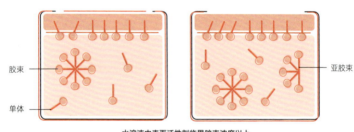

水溶液中表面活性剂临界胶束浓度以上
表面活性剂可能存在的形式

图 4-5　表面活性剂形成的胶束形态

资料来源：李强，龚盛昭，万岳鹏，等．表面活性剂与皮肤相互作用的研究进展 [J]. 日用化学工业（中英文），2023，53（1）：71-78.

（5）亲水亲油平衡值（HLB 值）。表面活性剂是油水两亲的物质，如果从定量的角度来比较亲油性或者亲水性的大小，会发现其中的差异是非常明显的。在应用过程中，为了定量

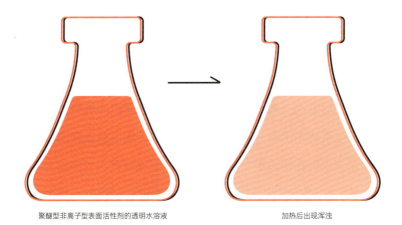

聚醚型非离子型表面活性剂的透明水溶液　　　　加热后出现浑浊

图 4-6　表面活性剂胶束体系中的浊点现象

资料来源：刘景龙，韩倩，杨超，等 . 浊点萃取技术在重金属分析中的应用与进展 [J]. 广州化学，
2022，47（3）: 29-37.

描述表面活性剂的油水两亲性的倾向，使用了亲水亲油平衡值
（Hydrophile-Lipophile Balance，HLB 值）的概念。常用表面
活性剂的 HLB 取值范围在 1~20 之间。

（二）表面活性剂的清洁应用

　　洗涤作用是润湿、渗透、乳化、增溶、分散、起泡、清洁作
用的综合表现及应用。

1. 清洁作用与清洁产品

　　洗涤剂（清洁产品）是指以除人体皮肤和毛发污垢为目的而
设计的产品，由必需的活性成分和辅助成分构成。作为清洁成分
的是表面活性剂，作为辅助成分的是功能性添加剂，其作用是增
强和提高清洁产品的各种效能（清洁产品本身的稳定性、美观性、

功效性等）。随着时代的发展和人们生活水平的提高，清洁产品除了满足基础的清洁作用之外，其在安全、温和、功效、环保等方面的要求也日益提高。

表面活性剂是清洁产品的主要成分，由于其表面活性，其与污垢（包括液体污垢、固体污垢、微生物污垢以及三者形成的混合污垢等）发生一系列的物理化学作用（如润湿、渗透、乳化、增溶、分散、起泡等），并借助机械作用获得清洁效果。

表面活性剂能显著改变液体表面或界面性质的特性，在多种应用中发挥关键作用，包括润湿、渗透、乳化、增溶、分散、起泡和清洁等。

（1）润湿：指表面活性剂降低液体与固体表面之间的表面张力，使液体更容易地铺展在固体表面上。这是因为表面活性剂分子的亲水部分倾向于与水相互作用，而亲油部分则倾向于与固体表面相互作用，从而减小水与固体表面的接触角，增加液体与固体表面的接触面积。

（2）渗透：指表面活性剂使液体能够更容易渗透进固体或粉末之间的细小空隙中。这是因为表面活性剂通过降低表面张力，减小了液体进入固体间隙所需克服的力，从而促进液体的渗透和扩散。

（3）乳化：指表面活性剂稳定两种不相容的液体（如油和水）的混合物，形成一种均匀的乳液。表面活性剂分子通过在油水界面形成一个保护层，其亲油部分溶于油中，亲水部分则渗入水中，从而防止油滴聚集并保持乳液的稳定性。

（4）增溶：指表面活性剂提高一种难溶物质在溶剂中的溶解度。这通常是形成"胶束"，即表面活性剂分子在溶液中自发形成的微小聚集体，其中亲油性尾部向内聚集，形成一个核心，能够包裹并溶解亲油性物质，而其亲水性头部与水相互作用，增加了难溶物质的溶解度。

（5）分散：指表面活性剂将固体粒子分散在液体中，形成稳定的悬浮液。这是通过表面活性剂分子吸附在固体粒子的表面，减小粒子之间的聚集倾向，因为分子的亲水部分形成了一个亲水性外层，防止粒子间的直接接触和聚集。

（6）起泡：指表面活性剂在液体中形成大量的稳定泡沫。这种泡沫由于表面活性剂分子在气液界面形成的薄膜稳定，其亲油部分向气体方向，亲水部分向液体方向，这种结构降低了液体的表面张力，使得空气容易被困在液体中形成泡沫。

（7）清洁：指表面活性剂通过其分子的亲油部分与污垢（通常是油脂）结合，同时亲水部分与水相互作用，使污垢能够从表面上脱离并分散在水中，从而达到清洁效果。这一过程通常涉及润湿、乳化和分散等多种作用机理的综合。

这些功能体现了表面活性剂在日常生活和工业应用中的广泛用途，从洁肤、洗发到纺织、涂料和食品工业，都依赖于这些基本的表面和界面活性作用。

清洁产品的稳定性是指利用螯合剂、抗氧化剂、增稠悬浮剂、防腐剂使其尽量保持外观的均一性。清洁产品的美观性是指利用珠光、色素、香精等方式使其外观色泽美丽，香气怡人。清洁产品的功效性是指控油、去屑止痒、柔顺、防脱、保湿、滋养等。

2. 泡沫技术及其应用

虽然泡沫和清洁能力没有对等的关系，例如，低泡洗衣粉并不比高泡清洁剂的洗涤效果差，但人们习惯认为，起泡能力强、泡沫持久的清洁产品，其去污力更好。丰富持久的泡沫一直被人们看作清洁产品是否优秀的一个重要因素。其中的原因可能有：泡沫确实可以起到携带污垢的作用；肥皂、洗手液、洗洁精等用量不足或油污过多时，泡沫不易生成或生成后容易消失；奶油状洁白细腻的泡沫也会给消费者愉悦的体验。

（1）泡沫。单个气泡结构示意图，单个气泡的形成过程及双分子膜气泡的结构，表面活性剂溶液中气泡上升过程如图4-7所示。

（2）泡沫的定义及泡沫结构。由液体薄膜隔离开的气泡聚集体称为泡沫。换句话说，泡沫是指气体分散在液体中的分散体系，其中气体是分散相，液体是分散介质。面包、蛋糕、饼干、泡沫塑料以及泡沫玻璃等固体泡沫不在本文讨论范围内。

（3）泡沫的稳定和衰变机理。泡沫有时有利于生产，有时不利于生产，因此，有时需增加泡沫，有时需减少泡沫。了解泡沫的稳定机理很有必要，主要包括起泡力和泡沫稳定性。

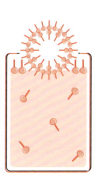

图 4-7　气泡上升示意图

资料来源：作者根据相关资料绘制。

①起泡力：起泡力是指泡沫形成的难易程度和生成泡沫量的多少，通常可以用表面活性剂降低水的表面张力的能力强弱来表示表面活性剂的起泡力。表面活性剂降低水表面张力的能力越强，它的起泡力也就越强。环境条件也很重要，例如温度、水的硬度、溶液的 pH 值和添加剂等对起泡力都有很大的影响。温度对非离子表面活性剂起泡力的影响不同于阴离子表面活性剂。例如，对聚氧乙烯醚型非离子表面活性剂来说，温度低于浊点时起泡力大，达到浊点时发生转折，高于浊点时起泡力急剧下降。阴离子表面活性剂对温度敏感性不大。

②起泡剂：起泡性能良好的物质称为起泡剂，比如，一些阴离子表面活性剂。

③泡沫稳定性：泡沫稳定性是指生成的泡沫存在时间的长短，即泡沫的持久性，也可以理解为泡沫破灭的难易程度。泡沫是热

力学上不稳定体系，泡沫生成后体系的总表面积增大，能量增高，体系将自发地向能量降低、总表面积减小的方向进行，即发生泡沫不稳定（泡沫破灭）。

泡沫的破灭主要是由气体通过膜进行扩散、液膜中的液体受重力作用及膜中各点的压力不同而导致流动（排液）引起的。

气体通过膜进行扩散是指在形成的泡沫中，气泡的大小通常是不均匀的，根据拉普拉斯方程，小气泡中的压力大于大气泡中的压力，故小气泡中的气体有自动扩散至大气泡的倾向，于是小气泡逐渐变小，而大气泡逐渐变大，最终泡沫消失。浮于液体表面上的独立气泡，其中的气体不断地透过液膜扩散到大气中，而气泡逐渐变小最终消失。

液体通道，也叫 Plateau 边界。由于重力的作用，液膜中的液体自动地向下流动。在液膜排液过程中流下的液体分子较容器底部的液体分子有较大的自由能，自发过程是向自由能减小的方向进行，所以气泡不断地排液，使膜壁变薄而破裂，从而导致泡沫消失[①]。

一些主要影响泡沫稳定性的因素如下。

· 表面张力：液体的表面张力是影响泡沫稳定性的因素之一。液体的表面张力低，外部对其作功相对较少，有利于生成泡沫。然而，许多事实均说明，液体的表面张力不是泡沫稳定

---

① 更深入的研究可以参考泡沫物理学（由比利时物理学家 Plateau 在 19 世纪中叶开创），了解二维泡沫及三维泡沫的演变。

性的决定因素。外观上泡沫是静止的，实际上构成泡沫膜壁的液体不停地流动、蒸发、收缩，处于非平衡状态。仅考虑平衡时的表面张力还不够，还必须了解表面张力随时间的变化情形。

· 表面黏度：实验和理论表明，决定泡沫稳定性的关键因素是液膜的强度，而液膜的强度取决于界面吸附膜的坚固度，可由表面黏度来度量。当液体膜表面上吸附有表面活性剂时，由于表面膜上表面活性剂分子的存在，使表面黏度增高，阻碍膜上液体流动排出，从而使泡沫稳定。此外，表面黏度过高，可能减小了通过表面迁移机理使变薄部位自身修补的作用。

· 液膜弹性：影响泡沫稳定性的因素还有界面膜的强度。表面黏度并非越高越好，例如，十六醇能形成表面黏度和强度很高的液膜但却不能起稳泡作用，因为它形成的液膜刚性太强，容易在外界的扰动下破裂，因此十六醇没有稳泡作用。理想的液膜应该是高黏度、高弹性的凝聚膜。此外，高黏度溶液，其起泡速度会受影响，在实际应用时需要考虑。

· Gibbs-Marangoni 机理（表面张力的"修复"作用）：根据热力学观点，非平衡体系能自发地向原平衡状态移动或形成一种新的平衡状态。表面活性剂密度大处的分子会向密度小处移动并带去一部分液体，同时由于表面薄处的表面张力大而有使表面缩小的作用，最终使表面张力复原（即吸附的表面活性剂的分子密度复原），液膜厚度复原，液膜强度亦复原，这时泡沫表现出良好的稳定性。这种情况称为表面张力的"修复"机理。需要注意的是：Gibbs-Marangoni 机理在表面活性剂浓度中等时是最有效的。如果表面活性剂浓度过低，扩散时间就会很长而且界面只能覆盖部分。若表面活性剂浓度高，从本体溶液的吸附会很快而且在膜薄的部分表面覆盖率会增加。

· 液膜电荷：如果泡沫的液膜带有电性相同的电荷，液膜的两液面相互排斥，能防止液膜变薄而破裂。以离子表面活性剂作为起泡剂，溶液中的表面活性剂分子富集于表面。当液膜变薄时，两表面电层的排斥力增强，防止液膜进一步变薄。溶液中电解质的浓度过高，双电层的扩散层会被反电荷离子所压缩，电位降低，液膜两表面的排斥作用减弱，液膜厚度变薄，泡沫稳定性变差。在产品开发配方实验中，我们会发现无机盐（如氯化钠）并非越多泡沫越好，除了和影响表面张力有关，和液膜电荷也有些关系。

（4）泡沫性能评价。通常我们借助仪器设备进行泡沫性能测定，比如：量筒法、罗氏泡沫仪法、穿孔圆盘法、Moldovanyi-Hungerbubler 法、Hard-DeGeorge 搅拌器法（该方法相对不容易受测试者操作影响，也能较好体现泡沫实际使用时的性能）、泡沫测试仪等。

罗氏泡沫仪法可追溯到 1941 年，是较早产生的泡沫测定标准方法。国标测定方法是改进的罗氏泡沫仪法，详见《表面活性剂发泡力的测定 改进 Ross-Miles 法》（GB/T 7462—1994）。然而，该方法不能测定有关泡沫体积、泡沫密度或泡沫寿命等准确数据，只适用于表面活性剂部分泡沫性能的表征，不能有效提供产品在真实使用时的泡沫信息。

需要注意的是，消费者对不同结构、质地泡沫的感知和认可，不能仅靠简单的技术参数如泡沫高度或泡沫稳定性来确认。主观评价测试或产品使用测试能更好地接近消费者对泡沫型产品的期望和认可程度。

我们用起泡速度、泡沫量（泡沫体积）、泡沫结构、泡沫稳定性、泡沫弹性等来评估洁面泡沫剂的起泡质量。所得结果根据一定标度转换成数值，经统计分析后得出平均值，将该结果在雷达图上展现出来（见图 4-8）。

油脂对起泡能力和泡沫的稳定性都有一定的影响，但往往在实际的使用场景下，很难保证油脂存在的情况下的起泡能力和泡沫稳定性。选用泡沫受油脂影响小的表面活性剂可以作为一种方法，例如：椰油酰谷氨酸钠、月桂基羟基磺基甜菜碱、甲基椰油酰基牛磺酸钠、椰油基葡糖苷等。

3. 温和性与洗净力的探讨

对清洁产品而言，以前选择表面活性剂只考虑如何达到最佳的主功效，如洗净（含润湿、乳化、分散）、起泡等，较少考虑表

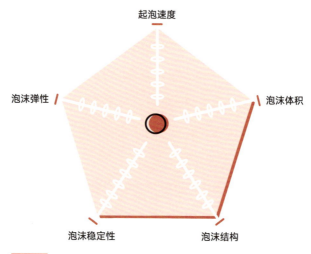

图 4-8 气泡评价雷达图
资料来源：作者自绘。

面活性剂对皮肤、眼睛、毛发等部位的影响。现在对表面活性剂的选取原则逐渐趋向于首先满足保持皮肤、眼睛的正常、健康状态，对人体产生尽可能少的毒副作用，再考虑如何发挥表面活性剂的最佳主功效。这种发展趋势使得表面活性剂原料供应商、配方师和产品厂家都面临一种挑战，即如何重新认识和评价表面活性剂的安全性及温和性，向消费者提供安全、温和又最有效的产品。因此，对表面活性剂原有品种和新型表面活性剂的安全性和温和性评价是十分必要的。

（1）表面活性剂的安全性：表面活性剂及其代谢产物在机体内引起的生物学变化，即对机体可能造成的毒副作用，包括急性毒性、亚急性毒性、慢性毒性、对生殖发育的影响（遗传毒性，如致畸性、致突变性、致癌性等）等。

就急性毒性来说，通常阳离子表面活性剂＞阴离子表面活性剂＞非离子表面活性剂和两性表面活性剂。

非离子表面活性剂属于低毒或无毒类。其中毒性最低的是PEG（聚乙二醇）类，次之的是糖酯、AEO和司盘、吐温类。烷基酚聚醚类毒性偏高。但我们不能认为无毒的非离子表面活性剂即可食用。食品中作为乳化剂使用的非离子表面活性剂品种是受到严格限制的，有些还受到每日允许摄入量指数（ADI）的限制。

（2）表面活性剂的温和性：表面活性剂对人体皮肤、眼睛的温和性如何评价，目前仍没有统一的标准。表面活性剂对皮肤、眼睛产生的刺激性或致敏性主要由溶出性、渗入性、反应性这三个因素引起。

①溶出性指表面活性剂对皮肤本身的保湿成分（如保湿因子NMF）、细胞间脂质及角质层中游离氨基酸和脂肪的溶出程度。

②渗入性指表面活性剂经皮肤渗透的能力，这种作用被认为是引发皮肤各种炎症的原因之一。表面活性剂渗入刺激性强度，通常阳离子表面活性剂＞阴离子表面活性剂＞非离子表面活性剂和两性表面活性剂。

③反应性指表面活性剂对蛋白质的吸附，致使蛋白质变性以及改变皮肤pH条件等的作用。

评价表面活性剂温和性的方法有多种，目前尚缺少统一标准。目前通用的温和性评价方法主要分为在体试验（in vivo test）和体外试验（in vitro test）两大类。

在体试验主要在人体皮肤或试验动物（如兔子等）的皮肤及眼部黏膜上进行。其中，Draize 兔皮试验（Draize skin test）和 Draize 兔眼试验（Draize eye test）是较为常见的方法，用于评估物质对皮肤和眼睛的刺激性。Draize 试验通过直接涂抹测试物在试验动物的皮肤或眼部，并观察其产生的刺激反应，如红斑、水肿或结膜损伤等。不过，由于动物试验存在伦理争议，目前越来越多的研究采用替代方法，如体外细胞培养试验、重组人角膜上皮模型（如 HCE 试验）或计算机模拟等。体外试验以体外细胞或蛋白模拟生物体为试验对象，观察表面活性剂对离体蛋白或细胞的作用，从而推断对活体组织的作用程度。最常用的两种体外试验方法为红细胞试验（RBC test）和玉米醇溶蛋白试验（Zein test），用于评价皮肤刺激性。中性红摄取试验（NRU）及荧光素漏出试验（FLT）较适合评价眼刺激性。

（3）表面活性剂结构对温和性的影响。

表面活性剂结构对温和性影响的一般规律是：

①分子大小：大分子通常温和性大于小分子，一般认为分子越大，经皮渗透能力越弱，对皮肤的刺激越小。

②疏水基链长：一般认为疏水基链越长，分支化程度越小，

表面活性剂对人体越温和。当然也存在例外。

③分子中引入 PEG、甘油或其他多元醇结构，例如，AES 温和性高于 AS。

④表面活性剂结构与皮肤的相似性：本身结构较复杂，与皮肤结构具有一定相似性或相近性的表面活性剂对皮肤比较温和，例如，氨基酸类表面活性剂。

⑤离子基团的极性：离子基团的极性越小越温和。例如，将磺酸根改为羧酸根，如月桂基葡萄糖羧酸钠、月桂基甘醇羧酸钠等。

⑥表面活性剂的纯度和杂质：许多表面活性剂的纯品经检测都是刺激性低、温和性高，但工业产品中由于原料、工艺、副反应等众多原因，会在产品中带进一些杂质。AES 中的风险物质二噁烷、DEA 中的风险物质亚硝胺也为行业所熟知。

与一些温和性好的表面活性剂复配，利用表面活性剂复配体系在刺激性方面的协合效应，增加复配体系的温和性，例如，AES 与咪唑啉类表面活性剂、甜菜碱类表面活性剂、氨基酸类表面活性剂、烷基糖苷类表面活性剂、糖脂类表面活性剂等。

三、防腐剂

清洁产品的一项重要功能，就是洗去皮肤表面的微生物（细菌和真菌）。为了使消费者使用清洁用品时，不会出现异味、外观变化等情况，防腐剂的应用显得尤为重要。它用量低，但功能强大，能抑制微生物的繁殖，延长清洁产品的保质期。

而未使用防腐剂或者防腐失效的清洁产品，其本身的营养物质会引起微生物繁殖，造成微生物污染。微生物污染又会破坏其化学成分，导致产品变质或失效，具体表现是出现异味、发生颜色变化和质地变化等，这些都直接影响消费者的使用体验。从商业角度来看，防腐剂能保护配方的稳定性，确保其在清洁、滋润、调理等方面的功能，使产品功效在货架期内不受影响。

常用于清洁产品的防腐剂包括：DMDMH（二羟甲基二甲基乙内酰脲）、卡松、尼泊金酯类、甲基异噻唑啉酮、苯氧乙醇和苯甲酸钠组合、苯甲酸钠和山梨酸钾组合、无"防腐"系列（无防腐一般指无表内防腐剂）等。

基于市场流行趋势和成本考量，甲基异噻唑啉酮、苯氧乙醇和苯甲酸钠组合、苯甲酸钠和山梨酸钾组合，目前是行业里洗护类产品常用的防腐剂。

需要注意的是，世界各国对防腐剂的应用和限制均有明确的规定，我们应用防腐剂时，要留意执行标准。在我国，防腐剂的应用限制在《化妆品安全技术规范》（2015 年版）中有明确规定，在应用防腐剂时，需遵守"规范"中的规定。

四、色素与香料

（一）色素

当前，清洁产品里用的色素包括常用的 FD&C Color（美国联邦食品、药品和化妆品法案）和天然来源色素，在产品背标中，以 CI（企业形象规范体系）号区分。合理运用色素，能给予产品新奇的外观。色素与香味搭配使用，又能通过嗅觉和视觉，让消费者产生联想。比如，黄色与柠檬、红色与草莓、蓝色与海洋、紫色与薰衣草等。

天然来源的色素取自各种植物的果实、花朵、叶子或根部，不仅提供了天然的色彩，还常常具有一定的护肤功效。比如，从茜草根中提取的茜草红，是一种天然的红色染料，同时具有一定的抗炎和抗菌作用。黄色调的姜黄，也具有抗氧化和抗炎功效。

天然色素来源不稳定，价格昂贵，应用规模不如 FD&C Color 广泛。与防腐剂一样，色素在世界范围受到不同的法规限制，我国的色素使用规范，也是依据《化妆品安全技术规范》（2015 年版）规定的。

（二）香料

香料，包含合成香精和天然精油，也包括一些自身具备特异性气味的提取物。合成香精的香调丰富多样，能稳定地批量化生产，价格低廉，应用更为广泛。精油是从植物的花、叶、根、果实或树皮中提取，通过蒸馏、冷压或溶剂萃取等方法获得，成分复杂，批次之间存在差异，除了能提供香味，还有一定功效。合成香精和天然精油各有优劣，如何选用取决于产品的定位和消费者的需求。

值得一提的是，香味是清洁产品导致过敏的原因之一，这也是很多针对敏感肌和特殊人群的产品不使用香味的原因。香味的运用，是一门复杂的学科，是理性和感性的结合。香味不仅是感官体验的一部分，还能激发情感、唤起回忆，塑造品牌风格。

五、其他

除了以上维持配方基本功效的原料之外，还有很多赋予产品差异化的特色原料，或者赋予产品特殊功效的原料。比如，赋予产品乳白外观的遮光剂、赋予闪烁光芒的珠光剂、赋予不同流变特性的增稠剂以及辅助改善清洁效果的螯合剂、种类繁多的皮肤调理剂、改善洗发体验感的头发调理剂等。

这里只简单地讲一下皮肤调理剂里面的保湿成分和抗炎舒缓成分，以及头发调理剂里面的柔顺剂和去屑剂。

（一）保湿成分

保湿成分即保湿剂，其类型分为小分子保湿剂、高分子保湿剂、封闭型油脂等。

小分子保湿剂指的是不同分子量的多元醇。多元醇除了有常规的保湿作用外，还有体系维稳的作用。在结膏型洁面乳产品中，高添加量的多元醇有助于体系的热稳定性；在洗发沐浴产品中，多元醇又能降低体系的冻点，减少低温果冻现象的发生。除了多元醇型，其他的小分子保湿剂还有海藻糖、甜菜碱、吡咯烷酮羧酸钠、尿素等。

高分子保湿剂常用的是一些多糖，如透明质酸钠、葡聚糖等，它们能在肌肤表面成膜，防止水分流失；还有在清洁产品中以增稠剂角色出现的多糖，如纤维素、黄原胶、卡拉胶等，它们经阳离子改性后，还用于洗发、护发产品。

封闭型油脂也称为润肤剂，能在清洁过程中给予滋润的感觉，残留在皮肤上也能滋润肌肤，防止皮肤过度脱脂，常应用在干性肌肤或者秋冬季的产品中。清洁产品的润肤剂以水溶性油脂为主，如水溶性硅油等；也有部分产品在体系中添加植物油脂，如添加了葵花子油的沐浴露和添加了山茶籽油的洗发水等。

（二）抗炎舒缓成分

清洁产品中使用的表面活性剂，或多或少对皮肤有一定的刺激性，可能出现干痒、红疹、灼热等症状。炎激因子是刺激性的根本原因，为抵消刺激，常在配方中添加一定比例的抗炎舒缓成分。

常见的有植物提取物和合成的功效活性物，例如，洋甘菊提取物、芦荟提取物、积雪草提取物、马齿苋提取物、依克多因、泛醇、神经酰胺 NP、甘草酸二钾等。

（三）柔顺剂

柔顺剂让头发在洗时和洗后易于梳理（包括湿梳和干梳性能），柔软顺滑，使头发富有光泽。常规配方中使用的柔顺剂主要有两大类——硅油和阳离子聚合物。

硅油即聚二甲基硅氧烷，具有良好的成膜性，在头发上容易形成极薄的膜，使头发易于梳理，防止分叉和打结，具有让头发滑润、亮泽、流畅和飘逸的效果。

阳离子聚合物所带正电荷可与头发表面电荷结合，抵消静电，令头发易于梳理。阳离子聚合物还可以辅助乳化硅油在发丝上沉积，往往与硅油搭配使用，协同增效。

常见的阳离子聚合物有阳离子瓜尔胶（瓜尔胶羟丙基三甲基氯化铵）、聚季铵盐 -7、聚季铵盐 -10（阳离子纤维素）、聚季铵盐 -22、聚季铵盐 -39、阳离子泛醇、阳离子透明质酸等。

（四）去屑剂

头皮屑是头皮上出现的白色或灰色鳞屑，通常引起头皮的瘙痒，严重的会影响头皮健康。产生头皮屑的原因较为复杂，但可以归纳为微生物失衡导致马拉色菌的大量繁殖。所以，在头发清洁产品中，去屑剂的应用就显得尤为重要。

常见的去屑剂有氯咪巴唑（商品名甘宝素）、己脒定二（羟乙基磺酸）盐及吡罗克酮乙醇胺盐（商品名 Octopirox，OCT）等。甘宝素具有多种独特的抗真菌作用。己脒定二盐是一种具有广谱抗菌（细菌、霉菌、酵母）活性的皮肤杀菌剂。OCT 是可用于所有发类产品中的去屑剂，其去屑止痒效果优于同类产品。

也有学者认为，一味地抗菌杀菌只是治标不治本。马拉色菌只是在脱落的头皮屑中含量较高，而不是导致头皮屑的罪魁祸首，头皮屑产生的原因是多方面的，不能将矛头单一指向马拉色菌。头皮屑治理的目的是使头皮菌群微生态达到平衡，而非单纯地将有害菌杀灭。

参考文献

[1] 陈晓宇，李国伟，金旻 . 浅谈卸妆产品的研究进展 [J]. 日用化学品科学，2023，46（3）：48-52.

[2] 崔迎春，乔卫红 . 表面活性剂在功能洗涤剂中的研究 [J]. 中国洗涤用品工业，2011（1）：72-76.

[3] 董睿 . 离子型表面活性剂的固液界面性质研究 [D]. 贵州大学硕士学位论文，2019.

[4] 大卫·安德森，蒂恩·史密斯 . 糖基表面活性剂和不含硫酸盐的香波

配方 [J]. 日用化学品科学, 2006（2）: 11-12.

[5] 光井武夫 . 新化妆品学 [M]. 张宝旭, 译 . 北京: 中国轻工业出版社,
1996.

[6] 洪翔 . 表面活性剂在卸妆产品中的应用研究 [J]. 中国洗涤用品工业,
2022（3）: 79-85.

[7] 刘景龙, 韩倩, 杨超, 等 . 浊点萃取技术在重金属分析中的应用与进
展 [J]. 广州化学, 2022, 47（3）: 29-37.

[8] 李梦, 刘芬, 彭玉, 等 . "以油养肤" ——双连续相卸妆油 [J]. 中国
洗涤用品工业, 2022（4）: 44-47.

[9] 李强, 龚盛昭, 万岳鹏, 等 . 表面活性剂与皮肤相互作用的研究进展
[J]. 日用化学工业（中英文）, 2023, 53（1）: 71-78.

[10] 李庆, 杨颖, 杨杏芬, 等 . 应用细胞方法建立表面活性剂眼刺激性分
层筛选模型 [J]. 华南预防医学, 2015, 41（4）: 318-322.

[11] 罗志刚, 杨欢, 齐亮 . 生物表面活性剂鼠李糖脂性质的研究 [J]. 华
南理工大学学报（自然科学版）, 2022, 50（1）: 30-37.

[12] 毛培坤 . 新机能化妆品和洗涤剂 [M]. 北京: 中国轻工业出版社,
1993.

[13] 裘炳毅 . 化妆品化学与工艺技术大全（上、下）[M]. 北京: 中国轻
工业出版社, 2006.

[14] 叶少玲 . 化妆品用保湿剂的特点及应用 [J]. 广东化工, 2019, 46
（23）: 59-60.

[15] 邹清青, 欧阳琛璨, 堀川贵生, 等 . 具有环状肽结构的生物表面活性
剂——枯草菌脂肽钠 [J]. 中国洗涤用品工业, 2016（2）: 50-54.

[16] 张冉冉, 杜玉兰, 范培浩 . 化妆品企业常用表面活性剂概述 [J]. 中国
洗涤用品工业, 2023（11）: 32-42.

[17] 张雪勤, 蔡怡, 杨亚江 . 两性离子 / 阴离子表面活性剂复配体系协同
作用的研究 [J]. 胶体与聚合物, 2002（3）: 1-5.

[18] Robbins，C.R. Chemical and Physical Behavior of Human Hair[M]. Springer-Verlag，2021.

[19] Scheludko，A. Colloid Chemistry[M]. Elsevier，2021.

[20] Schwartz，A.M. Surface and Colloid Science[M]. Wiley，2021.

CHAPTER 5

| 第五章 |

清洁产品概论
与配方实例剖析

一、洁肤

（一）面部清洁需求

随着工业发展和人类对基础科学的认知更上一层台阶，清洁产品机理更加明确，社会商品生产效率提高，"洗得干净"这一最低要求已得到满足。人们对于美的追求日益强烈，来到了"特别功效"的 2.0 时代，从成分、功能简单到品质优异、安全性高。洁面通常是晨间护肤第一步和晚间护肤的第一步，洁面市场逐渐青睐温和与清洁力兼备的洁面产品。在"敏感痘肌"的 3.0 时代，周围环境的空气污染加重，以及长时间佩戴口罩等因素导致许多人的皮肤变得敏感，适合消费者自身皮肤状况的洁面就显得尤为重要，这也和洁面中使用的表面活性剂类型息息相关。"多功能洁面产品"的 4.0 时代，防晒观念的普及和化妆的需求推动市场和研发端产生服务于消费者的多功能洁面产品，例如，兼顾卸妆和清洁的特殊洗卸合一的洁面产品，在普通洁面配方的基础上，通过复配聚甘油类、表面活性剂和乳化剂，达到卸妆和日常清洁的目的。

（二）洁面品类

1. 洗面奶、洗面乳

洗面奶、洗面乳和洁面膏的区别主要在外观上。洁面膏为固体状、乳白色，大多数洗面奶、洗面乳有一定的流动性。在使用时涂抹在手心后，配合水揉搓打圈，产生丰富的泡沫涂于面部，以打圈的方式轻轻揉搓。在此过程中，表面活性剂两端亲水的头部基团和疏水的基团，共同带走面部的灰尘、污垢和油脂，表面活性剂分子聚集成一团的胶束、泡沫，悬浮着这些面部多余的"脏东西"随水流被冲走。

从配方成分的角度看，此类产品可分为三类：皂基型洁面产品、氨基酸型洁面产品以及复合型洁面产品。

在这些类型中，皂基型洁面产品和氨基酸型洁面产品最为常见，也是消费者认可度最高的两种类型。这三类洁面产品一般由表面活性剂、保湿剂、增稠剂、防腐剂等成分组成。

皂基型洁面产品，其清洁力是由脂肪酸与碱发生皂化反应生成的脂肪酸皂提供。其中，脂肪酸的含量和种类直接影响最终产品的外观形态、清洁能力以及稳定性，脂肪酸通常以不同碳链长短的混合搭配方式出现在完整配方中。皂基型洁面产品由于其丰富的泡沫、出色的清洁效果、使用后的清爽感，备受消费者青睐。然而因为它去油力强、pH 值偏高，肌肤脆弱的人群洗后有干燥紧绷甚至刺激的感觉。相对而言，皂基型洁面更适合肤质偏油性、中性皮肤耐受人群使用。

氨基酸型洁面产品以氨基酸型表面活性剂为主，通常是中性或弱酸性，有着接近人体皮肤的 pH 值，具有很好的皮肤亲和力、保湿性，适合敏感肌、干性肌肤、痘肌等绝大部分皮肤人群。

氨基酸型表面活性剂是一类以氨基酸为主的表面活性剂，通常采用氨基酸或短肽链作为亲水头基，通过连接酯基、酰胺和酰基等结构将脂肪链连接到氨基酸上，从而形成不同类型的表面活性剂。

就表面活性剂的性能而言，那些脂肪链修饰的氨基酸表面活性剂通常表现出较高的活性，因此它们在乳化和增溶作用方面具有出色的表现。

用于洁面产品的氨基酸型表面活性剂有酰基谷氨酸型、酰基肌氨酸型、酰基甘氨酸型等。结晶型洁面是目前的市场热点，并且以酰基甘氨酸盐体系和酰基谷氨酸盐体系为主。

氨基酸型洁面产品的一些技术难点，比如，高低温的稳定性、产品结晶形态的控制、起泡性能的好坏等，都需要大量的研究实验来克服。

基于氨基酸型洁面产品温和性好，但脱脂力不足；纯皂基洁面产品脱脂力强，但刺激性大，研发人员也在做一些特殊的表面活性剂复配，由此便产生了复合型洁面产品，常见的有氨基酸型表面活性剂与脂肪酸盐复配。除此之外，烷基糖苷也是很好的选择，其具有绿色环保、安全无刺激的特点，也非常适合与脂肪酸盐复配。

总体来说，洁面产品的技术难点在于稳定性、泡沫形态、制备工艺、流变性、肤感等。开发一款消费者喜爱的产品，需要配方工程师们不懈努力，用大量的实验来验证配方的适配性。

产品案例一 ｜ 海蓝之谜璀璨泡沫洁面乳

　　这款产品主打净卸养三效，使用的脂肪酸是肉豆蔻酸，搭配氨基酸型表面活性剂——甲基椰油酰基牛磺酸钠，以降低皂基的干涩肤感和刺激性。洗感清爽不紧绷，泡沫绵密。配方中还添加了尿素、海藻糖、透明质酸钠等保湿成分。适合油性及中性肌肤的消费者使用（见图 5-1）。

图 5-1　海蓝之谜璀璨泡沫洁面乳

资料来源：海蓝之谜官网。

产品案例二 ｜ 资生堂时光琉璃御藏臻润洁面乳

　　这也是一款经典的皂基洁面乳，柔软乳霜状质地，可以形成细腻的泡沫。配方中采用以肉豆蔻酸和月桂酸为主的脂肪酸，又使用了大量的甘油、聚乙二醇 -6 和聚乙二醇 -32 作为保湿剂，降低洗后紧绷感。非离子表面活性剂——PEG-20 甘油三异硬脂酸酯的应用，让产品具备一定的卸妆力。整体而言，它是一款非常均衡的产品（见图 5-2）。

图 5-2　资生堂时光琉璃御藏臻润洁面乳

资料来源：资生堂官网。

产品案例三 | 红之氨基酸亲净洁面乳

这款洁面乳是结膏型氨基酸洁面的代表，利用调节 pH 值的方法，使椰油酰甘氨酸钾回酸析出，逐渐形成致密膏体。而 30% 椰油酰甘氨酸钾的添加量，恰到好处地平衡了清洁力、温和度和外观。结晶出来的膏体软硬适中，自带闪烁珠光，质感细腻高级。无患子提取物和燕麦氨基酸的加入，提高了洁面时的温和度和水润感，洗感清爽不紧绷（见图 5-3）。

图 5-3　红之氨基酸亲净洁面乳

资料来源：红之官网。

产品案例四 | 芙丽芳丝净润洗面霜

这是一款非常经典的氨基酸结晶体系的洗面霜，配方以椰油酰甘氨酸钾作为表面活性剂，再复配月桂醇磺基琥珀酸酯二钠，具有优越的清洁力和清爽的洗感。甘油和丁二醇作为很好的保湿剂，能够减弱表面活性剂带来的紧绷感（见图 5-4）。

图 5-4　芙丽芳丝净润洗面霜

资料来源：芙丽芳丝官网。

产品案例五｜赫莲娜修护菁华洁面乳

这款洁面产品使用了月桂基甘醇羧酸钠、月桂醇聚醚硫酸酯钠、椰油基甜菜碱的组合。阴离子型和两性离子型的组合，可以增强胶束形成能力，降低产品的刺激性，改善产品的耐硬水性。还使用了羟乙基哌嗪乙烷磺酸，它是一种剥脱能力较弱、刺激性较低的有机酸，能促进皮肤角质层更新，配合表面活性剂的清洁力，做到清洁的同时洗去皮肤的老旧角质（见图 5-5）。

图 5-5　赫莲娜修护菁华洁面乳

资料来源：美丽修行 App。

2. 洁面膏

产品案例六｜SK-II温和护肤洁面霜

这是一款氨基酸型洁面产品，洗感偏水润清爽，清洁力中等。配合精油调香会有清淡的玫瑰香气。月桂酰谷氨酸钠，泡沫多且温和，椰油酰胺 MEA 能增强洗净力，提高过水速度，给予清爽的肤感。半乳糖酵母样菌发酵产物滤液则是 SK-II 的经典成分，在护肤产品系列中也有添加，能调节皮肤整体状态，平衡皮肤的油脂。狗牙蔷薇果油、甘草酸二钾有抗氧化、舒缓肌肤的功效（见图 5-6）。

图 5-6　SK-II 温和护肤洁面霜

资料来源：SK-II 官网。

产品案例七｜资生堂肌活焕采洁面膏

这款洁面膏配方体系采用"皂基+CAPB+氨基酸型表面活性剂+AES"四种不同类型表面活性剂，整体清洁力足够，硬脂酸、肉豆蔻酸、月桂酸作为皂基表面活性剂带来强烈的干爽感，氨基酸型表面活性剂减少洗后的涩感，泡沫绵密丰富。适合中性皮肤和混合肌使用。这款洁面膏还添加了稻胚芽油、植物甾醇澳洲坚果油酸酯和乙酰化透明质酸，能够很好地起到保湿、保护皮脂膜、提高皮肤弹性和修护角质层的功能（见图5-7）。

图 5-7　资生堂肌活焕采洁面膏

资料来源：资生堂官网。

3. 无泡洁面

无泡洁面一般为乳液状态或透明啫喱状态。相较于常规有泡产品的强清洁力，无泡洁面则更加细腻且温和。需要说明的是，无泡并不代表清洁力弱，泡沫的多少和表面活性剂类型有关。常见的阴离子表面活性剂、两性表面活性剂和氨基酸型表面活性剂，在水性体系中泡沫都较为丰富。而非离子表面活性剂，则无泡或者低泡。无泡还可以通过改变体系的表面张力来实现，比如，阴离子表面活性剂在水性体系中能很好地发泡，当其溶解在多元醇中时却无法发泡，这是由于表面张力改变导致发泡力的改变。

在许多无泡洁面配方中，阴离子表面活性剂含量比较少，或充当乳化剂角色，无法充分发泡。也有纯非离子的体系，也是作为乳化剂出现，再复配温和贴肤的油脂，给消费者提供乳液般的洁面体验。

产品案例八｜欧树蜂蜜洁面凝胶

这是一款以月桂酰肌氨酸钠和椰油酰两性基乙酸钠为主的洁面产品，看似是阴离子表面活性剂，应该有很强的发泡性能。但开发者加入了葵花子油PEG-8酯类和大量的甘油，葵花子油PEG-8酯作为水溶性油脂，能赋予滋润的感觉，同时具备油脂的特性，抑制了泡沫生成。高添加量的甘油则是通过改变体系的表面张力，达到抑制泡沫的目的（见图5-8）。

图 5-8　欧树蜂蜜洁面凝胶

资料来源：欧树官网。

产品案例九｜吾诺温感净颜啫喱

这款洁面啫喱主要面向男士用户，主打温感洁面，使用时会立刻感觉到皮肤的温度在上升，给予消费者新奇的洁面体验。尤其是在寒冷的冬季，这类自带温感的洁面产品，比常规的洁面产品更受欢迎。这种温热感来自大量的多元醇，当多元醇接触到湿润的皮肤，吸收皮肤表面的水分后逐渐稀释发热。清洁力的部分，则由非离子表面活性剂——PEG-20甘油三异硬脂酸酯来提供。需要注意的是，对于敏感肌或干性皮肤的人群来说，洁面完成后会有拔干的感觉，应当及时使用护肤品进行保护（见图5-9）。

图5-9　吾诺温感净颜啫喱

资料来源：UNO官网。

4. 洁颜蜜

洁颜蜜产品是近几年市面上出现的一个全新品类。它和常见的洗面奶有着一定的差异。就目前来看，洁颜蜜的定义尚不明确。但从市场上宣称的洁颜蜜产品来看，大多数是指氨基酸型洁面产品，外观晶莹剔透，给人一种纯净无杂的感觉，黏稠度看起来像蜂蜜，给人一种放心安全的感觉，故而称为洁颜蜜。

在配方设计上，洁颜蜜也偏向于更温和，绝大多数的洁颜蜜产品都宣称敏感肌适用和干性皮肤适用。洗感滋润不紧绷，也不会出现紧绷拔干或刺激皮肤的情况。

为了达到温和的效果，洁颜蜜产品在增稠剂、防腐剂和香精香料的选择上，也慎之又慎，尽量避免对皮肤的刺激。由此可见，洁颜蜜是在洗面奶的基础上优化进阶，针对特定人群的特殊品种。

产品案例十 | 红之温和安护洁颜蜜

此款洁颜蜜专为敏感肌消费者开发，使用了超分子氨基酸型表面活性剂——月桂酰丙氨酸，其特殊的超分子结构，提升了丙氨酸型表面活性剂的清洁力。椰油酰水解燕麦蛋白钾，可协同降低其他表面活性剂的刺激性。椰油酰甘氨酸钾的泡沫丰富，营造干爽洗感。考虑到敏感肌人群的肌肤特点，添加了泛醇和积雪草，可缓解肌肤不适（见图5-10）。

图 5-10 红之温和安护洁颜蜜

资料来源：红之官网。

5. 洁面啫喱

洁面啫喱通常呈现透明、果冻等外观，有一定的黏稠度和流动性，比洁面膏、洁面乳更为清爽、温和，适合多种肌肤类型。

　　洁面啫喱清爽的肤感，主要依靠表面活性剂，可分为皂基型、氨基酸型、表面活性剂复配型等。其中氨基酸型洁面啫喱，现在多冠以洁颜蜜品名，前文已详细分析了洁颜蜜产品，此处不作赘述。表面活性剂复配型的产品，又多以 APG（烷基糖苷）为主表面活性剂的复配体系，APG 对皮肤温和性好，发泡性好，与其他表面活性剂的配伍性高，使用丙烯酸酯类增稠剂增稠后，外观透明度高，是主流的洁面啫喱体系。特殊的外观表现则主要来自增稠剂，例如，卡波姆类、丙烯酸酯类、卡拉胶等。

　　由于增稠剂种类繁多，在选择使用时，需要考虑产品最终的流变性。短流变可表征为类似于蛋黄酱的凝胶状黏稠度，例如 Carbopol® 940；而长流变的流动特性类似于蜂蜜（有拉丝现象），例如 Carbopol® 941。卡拉胶则比较特殊，其本身可分为三种构型，每种构型对应不同的流变特性，还可以使用碱金属原子使其凝胶化，形成"碎碎冰"的外观，制成特殊外观的洁面啫喱。

　　洁面啫喱配方多变、好用、好看，吸引了一部分消费者的目光，也正是因为这种多变性，在选择此类产品时，需要多多关注其表面活性剂体系和功效宣传，以匹配自身的肤质。

产品案例十一 | 科颜氏高保湿洁面啫喱

此产品采用癸基葡糖苷作为表面活性剂，搭配椰油酰胺丙基甜菜碱、PEG-200 氢化甘油棕榈油酸酯和 PEG-7 甘油椰油酸酯，泡沫丰富，清洁力强，但不会洗去皮肤天然油脂造成紧绷不适感。PEG-7 甘油椰油酸酯的加入，能有效清除妆容残留。还添加了少量的角鲨烷、杏仁油、鳄梨油等成分，有助于保湿肌肤，温和滋润，适合于各种肤质（见图 5-11）。

图 5-11　科颜氏高保湿洁面啫喱

资料来源：科颜氏官网。

产品案例十二 | 吾诺男士洁面啫喱

这是一款以皂基为主的男士洁面啫喱。采用硬脂酸、肉豆蔻酸作为表面活性剂，清洁力强，适合油性肌肤。成分中含有薄荷醇，能带来清凉感，适合夏天使用（见图 5-12）。

图 5-12　吾诺男士洁面啫喱

资料来源：美丽修行 App。

6. 洁面泡沫 / 慕斯

洁面泡沫也被称为洁面慕斯或摩丝，洁面慕斯通过按压式泵头挤压空气，将罐内的洁面水打出丰富的泡沫。泡沫泵头的加持，给洁面水的使用提供了便携性。

使用起来质地轻盈，清洁力适中。相对于其他洁面剂型，省去了揉搓起泡的步骤，使用更方便，也更省水。洁面慕斯虽然不需要增稠剂，但商家为保证其发泡效果，通常表面活性剂的添加量比较高。消费者使用时可能产生清洁力不够的错觉，加大使用量，从而容易引起过度清洁。

洁面慕斯的丰富泡沫除了有泵头的作用，还有表面活性剂自身的性能影响。由于体系不需要额外增稠，一些很难增稠的氨基酸型表面活性剂得以应用。比如，月桂酰谷氨酸钠和月桂酰肌氨酸钠，二者在氨基酸型表面活性剂中，属于起泡迅速、泡沫较大的类型，但由于很难增稠，在洁面乳和洁面膏中应用受限。

为了让泡沫更加细腻和稳定，还需要搭配甜菜碱型两性表面活性剂和椰油酰胺 MEA，或其他能起增稠稳泡性能的非离子表面活性剂，起到增泡稳泡的作用。

也有部分品牌在泡沫泵的形式上创新，泵出来的泡沫是一朵花状或爱心状。这种视觉效果和香味搭配起来，让人心情愉悦，为产品加分。

产品案例十三 | 珂润润浸保湿洁颜泡沫

这款洁面泡沫是纯氨基酸型洁面产品，表面活性剂使用了椰油酰谷氨酸钠和月桂酰天冬氨酸钠，能温和清洁肌肤，且同时保持肌肤的水油平衡，防止过度清洁损伤自身皮脂膜。额外添加甘草酸二钾，有助于缓解肌肤敏感和不适，整体而言，温和清洁是最大的卖点，适合干性肌肤和敏感肌使用（见图 5-13）。

图 5-13 珂润润浸保湿洁颜泡沫

资料来源：花王官网。

产品案例十四 | 兰蔻清滢洁面慕斯

这款洁面使用的是氨基酸表面活性剂和皂基，分别有椰油酰甘氨酸钠、月桂酸钾、肉豆蔻酸钾。泡沫丰富，清洁力强，洗感清爽不干涩。

其中，甘氨酸盐表面活性剂，是洗感最接近皂基的氨基酸型表面活性剂。跟皂基搭配使用，可以降低皂基的刺激性和干涩感。

除了较强的清洁力，本品中还添加具有去角质功效的菠萝果提取物和木瓜蛋白酶。综合来看，这是一款适合油性肌肤和男性使用的洁面慕斯产品（见图 5-14）。

图 5-14 兰蔻清滢洁面慕斯

资料来源：兰蔻官网。

产品案例十五 | 红之氨基酸沁润洁颜泡沫

这是一款设计非常讨巧的泡沫洁面产品。是椰油酰丙氨酸钠和椰油酰谷氨酸二钠的组合，再配合泡沫泵，起泡迅速，泡沫丰富挺拔。由于两款氨基酸表面活性剂都主打温和性，所以清洁力相对较弱，但其洗感滋润不拔干，非常适合干性肌肤消费者（见图 5-15）。

图 5-15　红之氨基酸沁润洁颜泡沫

资料来源：红之官网。

7. 洁面粉

洁面粉也叫洁颜粉，通常呈粉末状态，与日常生活常见的洗衣粉外观类似。

早期的洁颜粉是脂肪酸与碱皂化反应完成后，通过高温喷雾干燥法，得到的细腻皂基粉末，可以简单理解为超高表面活性剂含量的皂基洁面。粉末的粗细大小，与喷雾的液滴大小和浆料配方构成有关。为了提高储存稳定性，配方中通常以碳链数较大的脂肪酸为主，如棕榈酸和硬脂酸，它们的结晶点高，结晶后自带珠光效果，外观看起来也较为高级。

随着行业的发展，现阶段的洁颜粉多使用简单混合工艺生产。表面活性剂在原料公司干燥粉化，并筛分出不同的粒径。成品企业只需将粉末状的表面活性剂复配以保湿剂、功效剂、填料等，在混匀设备中混合均匀即可。生产工艺的简单化，也推动了产品的发展。

相对于常见的洁面产品，洁颜粉在功效上进行宣传，多数有去黑头、吸附污垢和角质剥脱的功效。成分上，又常见于矿物泥、纤维素、有机酸、竹炭粉、木瓜蛋白酶等。

细细分析不难发现，这些成分以粉末状态出现，恰好能扬长避短。因为有机酸、蛋白酶等溶于液体中时，容易失效，储存是个大问题。而使用在洁颜粉的体系中，能更好地稳定储存，消费者在使用前才进行溶解，最大限度保持了活性。

虽然洁颜粉在配方设计时有一定的局限性，但只需要取其优点，避其缺陷，也能做出不错的产品。

产品案例十六 | 芳珂美白洁颜粉

这款洁颜粉的表面活性剂种类达到 13 种，有氨基酸型表面活性剂和皂基表面活性剂等。使用时清洁能力强，泡沫绵密。叶蜡石作为摩擦剂在芳珂等许多清洁产品中出现。去角质的功效原料还使用了硅石，也属于物理摩擦剂。为了避免物理摩擦导致屏障受损，添加了滑石粉增强使用时的顺滑感。此产品能有效清洁面部的多余角质，促进角质更替，让面容焕然一新（见图 5-16）。

图 5-16 芳珂美白洁颜粉

资料来源：芳珂官网。

8. 洁面皂

古老的制皂的方法是将草木灰浸泡水与油脂一同烹煮，后冷却结晶制作成肥皂。随着油脂工业的进步，肥皂开始工业化生产。利用油脂与碱的皂化反应，将甘油三酯分解成脂肪酸和甘油。脂肪酸再与碱皂化，生成脂肪酸钠，则是常说的皂基发泡剂，可用于清洁。

根据使用场景的差异化，皂类产品也开始多元化，有以强碱性为主的洗衣皂，有以身体清洁为主的香皂以及面部清洁使用的洁面皂。洁面皂根据表面活性剂的种类，可分为皂基型、表面活性剂型和氨基酸型。

皂基型是脂肪酸钠结晶形成的硬皂，若添加大量多元醇和透明促进剂，则可以制成透明皂。透明皂晶莹剔透，外形讨巧，握在手中宛如水晶，受到消费者的喜爱。由于透明皂含大量多元醇，能降低皂基的刺激性，减少干涩紧绷，故而更适合用作洁面皂。

表面活性剂型洁面皂，又可分为结晶型和凝胶型，如椰油基羟乙基磺酸钠是一种温和的高泡阴离子表面活性剂，在一定浓度的水溶液中，温度高时是透明溶液，降温后能结晶成皂。用其制成的洁面皂，泡沫绵密，清洁力适中，有皂基的洗感，却没有皂基的干涩紧绷感。缺点是难以储存，在高湿度环境容易吸潮，在干燥环境又容易开裂。

凝胶型的洁面皂，则是利用卡拉胶或者明胶的凝胶化效应，将透明洁面啫喱凝胶化成软弹的皂块。通常包装成果冻形状，一次性使用。正是因为其外观太像食物，在配方中需要添加少量苦味剂，防止误食。

氨基酸型洁面皂是市场上的新剂型，常见的是椰油酰谷氨酸与碱反应，在一定的工艺条件下，结晶形成的透明皂。氨基酸型透明皂比脂肪酸钠透明皂的透明度更高，故被称为"水晶皂"，与脂肪酸钠透明皂区分开来。"水晶皂"中使用谷氨酸型氨基酸表面活性剂，体系更温和，但由于其皂体偏软，易变色发黄，因而并未得到广泛推广。而不透明型的氨基酸洁面皂，则是以椰油酰甘氨酸为主，通过 pH 值的调节结晶成皂，此处可以理解为有皂体外观的洁面膏，故而使用感也与氨基酸型洁面膏类似。

除了以上能在工业上连续化生产的皂，还有一部分爱好者热衷于纯天然手工皂。使用纯天然的油脂和碱进行皂化，实际为脂肪酸钠皂，但皂化过程中保留了更多植物甾醇和甘油，使用感更滋润，更保湿。在油脂功效上，塑造形状的油脂有椰子油、棕榈油等。保持清爽感和保湿力的油脂有橄榄油、甜杏仁油、乳木果油等。碱剂通常使用氢氧化钠，配成质量分数为 30% 的溶液使用。

由于手工皂制作涉及高浓度的碱液和皂化反应，操作不当容易导致个体损伤和产品质量问题，不推荐没有专业背景的消费者来操作。

　　总的来说，洁面皂作为小众的洁面产品，经历了从皂基皂到氨基酸皂的过程，也改善了脱脂力过强、皮肤紧绷感等问题，但由于使用依然不便利，难以大范围推广应用。

产品案例十七 | 两种类型皂的介绍

　　这是一款常规的皂基洁面皂，使用椰子油和棕榈油炼化之后的皂基来清洁肌肤。由于椰子油蕴含大量月桂酸，皂化后的月桂酸钠发泡大且迅速，清洁力强，洗感清爽干涩。此皂还添加了少量单质银，有一定抗菌、抑菌性能（见图5-17A）。

图 5-17A　亮泽肌肤天然洁面皂
资料来源：欧臻廷官网。

　　这是一款透明洁面皂，使用大量多元醇溶解皂基。冷却时，皂基与透明剂共结晶，使皂基分子形成了特殊的结晶构型，光线能穿透晶格，故而看起来晶莹剔透。透明洁面皂含大量多元醇和保湿剂，相对于普通皂基皂，更适合洁面使用（见图5-17B）。

图 5-17B　安肌心语 Conditioning Soap
资料来源：安肌心语官网。

9. 面部去角质

我们的面部肌肤一直都在进行着新陈代谢，且暴露于自然环境下。当正常的代谢机制受到干扰时，老旧角质的堆积，使肌肤出现暗沉、粗糙、肤色不均匀、无光泽等情况，这时候就需要去角质产品来协助，加速老旧角质的脱落，促进新细胞的生产，恢复肌肤健康。定期进行去角质能提亮肤色，恢复肌肤的透明感。

洗去型面部去角质产品，在去除方式上分为化学方式和物理方式，两者相辅相成，作用机理上有差异。

化学方式，是用有机酸或生物酶作去角质的活性成分，常见的有果酸（甘醇酸、杏仁酸、乳酸、苹果酸、酒石酸、柠檬酸等）、水杨酸以及菠萝蛋白酶等。它们通过松开老旧角质之间的连接，让角质在受控的情况下分开，从而实现剥脱的目的。另外，果酸清除掉了毛孔边缘的多余角质，毛囊分泌的油脂不再堵塞，抑制了痘痘的生长，减小脂溢性皮炎发生的概率。所以，特别适合油痘肌消费者使用。

物理方式，则是通过固体颗粒摩擦来去除角质。常见的磨砂颗粒有海盐、硅石、植物的碎壳等，磨砂颗粒的大小和分布粒径直接影响使用感受，也有损伤肌肤的风险，例如，海盐的颗粒大而尖锐，可能会损伤皮肤。值得注意的是，一些主打柔软不伤肤的塑料粒子，因为环保的因素，已在全世界范围被限制使用。

去角质产品种类繁多，包括啫喱、凝胶、膏霜等。正确的使用方式，也会提高角质的去除效率。一般来说，在使用磨砂膏类产品之前，需要卸除妆容和初步洁面，而使用洁面去角质二合一的产品，也需要先卸除妆容。

产品案例十八 | **娇兰纯净美肌焕颜清透凝露**

这款产品主要通过羟基乙酸、乳酸、水杨酸协同，发挥清洁去角质作用。其浓度相对医疗"刷酸"浓度偏低，透皮的深度和强度也不一样，可以作为日常的清洁产品使用，但使用后需要注意防晒（见图5-18）。

图 5-18　娇兰纯净美肌焕颜清透凝露
资料来源：娇兰官网。

产品案例十九 | **希思黎洁面磨砂啫喱**

这是一款凝胶质地的磨砂啫喱，用印度簕竹茎作为磨砂粒子。使用时，通过手部揉搓和粒子摩擦来去除皮肤老废角质。配方中添加了具有抗炎舒缓功效的植物提取物，防止摩擦过程中导致皮肤敏感。此产品摩擦力大，不建议每天使用，过度使用可能会造成皮肤屏障受损（见图5-19）。

图 5-19　希思黎洁面磨砂啫喱
资料来源：希思黎官网。

皮肤角质层是皮肤的天然屏障之一，适当地去角质，能促进新陈代谢。但过度地去除角质，却会给皮肤造成损伤，影响肌肤健康。在选用产品时，需评估自身的肌肤状态，选择合适的产品，必要时需咨询专业皮肤科医师。

（三）身体清洁

身体清洁是日常个人护理中至关重要的环节，不仅是为了去除表面的污垢和汗液，还在维护健康、预防疾病、提升心理健康和美容护肤等方面发挥着重要作用。

身体清洁是维持皮肤健康和预防疾病的重要基础。每天进行身体清洁，能洗去皮肤表面的细菌和污垢，减少疾病的发生。一些香薰清洁产品，除清洁之外，还能赋予一定的情绪价值，通过特殊的香气改善情绪、缓解压力、促进身心健康，发挥调节情绪的作用。

进入 21 世纪，身体清洁产品更加多样化和个性化。消费者对产品的需求不再仅限于清洁功能，而是更注重产品的成分、安全性和环保性。天然有机成分、环保包装以及多功能复合型产品成为市场的新宠。

提到身体清洁，就不得不提表面活性剂。表面活性剂是沐浴产品的核心成分，它能降低表面张力，除污垢，从而维持身体皮肤健康。从沐浴产品的表面活性剂应用发展也能看出端倪，从最早期的香皂，到合成表面活性剂，再到现在的温和型表面活性剂和天然表面活性剂。

皂基有钠皂到钾皂的应用，钠皂就是香皂，钾皂则是沐浴液。由于皂基历史悠久，洗感清爽，洗净感很强，依然受到一部分追求干爽的消费者喜爱。

合成表面活性剂，则是以 AES 为主力军，复配 CAB 和烷醇酰胺，具有良好的起泡性、清洁力和洗净感，时至今日还是常见的沐浴剂型。

温和型表面活性剂，则是以氨基酸型表面活性剂为标杆，通常采用谷氨酸型、甘氨酸型和肌氨酸型。除氨基酸型之外，温和型的代表还有烷基糖苷。

天然表面活性剂，则以糖脂类和天然植物成分为代表。

表面活性剂的发展，也推动身体清洁产品往更温和、更环保的方向发展。同时，随着市场需求的细分，衍生出针对不同肌肤、不同功效点的沐浴产品。

在本节中，我们将详细介绍几种常见的身体清洁产品，了解它们的技术特点和优势。

沐浴露：与传统肥皂相比，沐浴露通常更温和，清洁力适中，并且具有更好的护肤效果。通常装在泵式容器中，方便使用。沐浴露多是透明或乳白色凝胶外观，以皂基或合成表面活性剂体系为主。此外，许多沐浴露的香味独特且浓郁，可以带来愉悦和放松的感觉。

沐浴乳：沐浴乳与沐浴露类似，乳化剂和油脂的加入，让沐浴乳更柔和、更易涂抹，洗净后能感受到油脂残留的润感。具有良好的清洁能力和丰富的泡沫，同时含有保湿成分，帮助滋润肌肤。

沐浴啫喱：沐浴啫喱与沐浴露类似，仅有外观的差异。一些碎冰状的啫喱沐浴露，在夏天沐浴时，能给予人一种视觉上的清凉感。

沐浴泡沫 / 慕斯：沐浴泡沫 / 慕斯是通过压泵将浆料泵出浓密泡沫，可以直接使用，无须再摩擦起泡。泡沫细腻厚实，可以深入毛孔清洁肌肤。多以氨基酸型表面活性剂为主，与洁面慕斯类似，用于沐浴产品时，市面上多宣称是"护肤级"沐浴产品。

沐浴油：沐浴油是近些年依托"以油养肤"制成的新产品，通常含有丰富的天然油脂，如椰子油、橄榄油、杏仁油等，能够深入滋润皮肤，锁住水分，防止皮肤干燥。对比沐浴露，能温和清洁和保护皮肤屏障，但也有人觉得其油腻滑腻，难以适应，且价格昂贵。

沐浴皂：即普通香皂。清洁力强，干爽的洗后感，受到一部分人的喜欢。除清洁功效之外，还有除螨、抗（抑）菌等功效的香皂。

沐浴盐：也称爆炸盐，在日本和欧美国家颇受欢迎。其原理是通过柠檬酸和小苏打的酸碱反应，产生大量气泡，给予视觉上的冲击，通常需要配合浴缸使用。

身体磨砂膏：身体磨砂膏是一种含有细小颗粒的沐浴产品，这些颗粒通常由天然材料（如胡桃壳粉、杏仁壳粉等）制成。在洗澡时，磨砂膏可以帮助去除皮肤表面的死皮细胞，使皮肤更加光滑。

1. 沐浴露

产品案例二十｜娇韵诗植物精油芳香沐浴露

这款透明啫喱质地的沐浴露，在突出洁净作用的同时愉悦身心。添加了薄荷、迷迭香、天竺葵三种天然精油，并且这些精油成分带有一定镇定、舒缓的功效。配方设计上，以烷基糖苷类表面活性剂为主，搭配椰油酰谷氨酸二钠，体系温和，泡沫丰富（见图 5-20）。

图 5-20　娇韵诗植物精油芳香沐浴露
资料来源：娇韵诗官网。

产品案例二十一｜碧欧泉男士全新水感活力沐浴露

这款是强调"清爽"和"海洋"的产品，针对喜欢旅行运动、容易出油出汗的男士人群。配方体系采用 AES+ 椰油基甜菜碱，清洁力强，泡沫丰富稳定，是典型的合成表面活性剂沐浴露（见图 5-21）。

图 5-21　碧欧泉男士全新水感活力沐浴露
资料来源：碧欧泉官网。

2. 沐浴乳

产品案例二十二 | 红之缎感柔润沐浴乳

这是一款解决皮肤干痒紧绷的沐浴乳，特色是配方中添加了 10% 葵花油，同时还能够稳定发泡。葵花油蕴含丰富的维生素 E 和植物甾醇，能滋润肌肤，防止日常清洁过程中造成皮脂膜的流失。除了油脂外，玻尿酸、泛醇和甜菜碱等成分，也能强效保湿，防止沐浴后的拔干感。适合干性肌肤，或在秋冬季的时候使用（见图 5-22）。

图 5-22 红之缎感柔润沐浴乳

资料来源：红之官网。

产品案例二十三 | 多芬深层营润滋养美肤沐浴乳

这款沐浴乳专为干性肌肤研发，主打的表面活性剂是椰油酰胺丙基甜菜碱、椰油酰甘氨酸钠、椰油酰羟乙磺酸钠等表面活性剂，属于偏温和型。除了温和表面活性剂的应用，还宣称使用了长链硬脂酸，可以起到改善皮肤屏障的作用（见图 5-23）。

图 5-23 多芬深层营润滋养美肤沐浴乳

资料来源：电商平台天猫"联合利华官方旗舰店"。

3. 沐浴啫喱

产品案例二十四 | 欧舒丹甜蜜樱花香氛沐浴啫喱

这款沐浴啫喱属于比较精简的配方，月桂醇聚醚硫酸酯钠和椰油基葡糖苷做主要表面活性剂，高添加量的香精加入，使得本品有丰富层次的花果香调。成分表中的欧洲酸樱桃提取物含有植物多酚，可以滋养皮肤，洗后水润不拔干（见图5-24）。

图 5-24 欧舒丹甜蜜樱花香氛沐浴啫喱
资料来源：欧舒丹官网。

4. 沐浴泡沫 / 慕斯

产品案例二十五 | 多芬深层营润绵密沐浴泡泡

这款沐浴慕斯产生的泡泡是非常丰富绵密的，两种温和氨基酸表面活性剂为主表面活性剂，脂肪酸、神经酰胺、胆甾醇的加入，能防止皮脂膜流失。高含量的多元醇，缓解了洗后干涩肤感。烟酰胺则可以改善皮肤粗糙度。总体而言，十分适合干性肌肤和敏感肌肤的人群使用（见图5-25）。

图 5-25 多芬深层营润绵密沐浴泡泡
资料来源：电商平台天猫"联合利华官方旗舰店"。

5. 沐浴油

产品案例二十六 | 欧舒丹甜扁桃午后青榄香氛沐浴油

沐浴油这类产品适合干皮使用，葡萄籽油自带香气并且不饱和脂肪酸高，且有抗氧化作用，辛酸 / 癸酸甘油三酯属于非常清爽的油脂，这两款油脂的添加量不低，能够很好地缓解部分干皮人群洗后的皮肤紧绷感。本品的表面活性剂采用的是月桂醇聚醚硫酸酯 TIPA 盐和月桂醇聚醚。这款沐浴油也可以用于卸除身体防晒，不黏腻，调香是清新的花香调（见图 5-26 ）。

图 5-26 欧舒丹甜扁桃午后青榄香氛沐浴油

资料来源：欧舒丹官网。

6. 沐浴皂

产品案例二十七 | 欧舒丹乳木果薰衣草香洁肤皂

这款沐浴皂在常规的香皂基础上，额外添加脂质，使用时油脂可带来一定的润肤感。油脂还可以减弱皂基的干涩感，减少刺激。薰衣草精油有缓解压力、调节情绪和安眠作用（见图 5-27 ）。

图 5-27 欧舒丹乳木果薰衣草香洁肤皂

资料来源：欧舒丹官网。

7. 沐浴浴块 / 浴盐

产品案例二十八 ┃ 丝芙兰泡泡浴块——白衣棉韵

此款浴块泡沫丰富，放入浴缸后起泡迅速。还添加了草棉提取物、辛酸 / 癸酸甘油三酯等成分，可以滋润皮肤，丰富的泡沫和香气为洗浴过程增添乐趣（见图 5-28）。

图 5-28　丝芙兰泡泡浴块——白衣棉韵

资料来源：丝芙兰官网。

8. 身体磨砂膏 / 去角质沐浴露

磨砂膏类产品有很强的去角质能力，如果频繁使用则会造成角质层的破坏，造成肌肤屏障受损，不建议每天使用。

产品案例二十九 ┃ 娇韵诗植物精油海盐磨砂霜

本品选用海盐、蔗糖作为磨砂粒子，不添加表面活性剂，加入欧洲榛籽油达到温和去角质的目的，香味是薄荷、天竺葵、迷迭香的植物芳香。与磨砂洁面类似，身体磨砂膏也有很强的去角质能力，如果频繁使用也会造成角质层的破坏，造成肌肤屏障受损（见图 5-29）。

图 5-29　娇韵诗植物精油海盐磨砂霜

资料来源：娇韵诗官网。

产品案例三十 | 红之清肌澄净沐浴露

这是一款有去角质功能的沐浴露，采用多重表面活性剂搭配，实现洁面级的沐浴体验，起泡迅速，泡沫丰富，浴后清爽不紧绷。在角质去除方面，本品使用了三种酸（水杨酸、乳酸、葡糖酸内酯）由里而外实现剥脱，其中水杨酸还能深入毛孔内部，调节油脂分泌，减少痘痘肌的产生，长期使用下来，能使肌肤变得嫩滑，特别适合皮肤粗糙的消费者（见图 5-30）。

图 5-30 红之清肌澄净沐浴露

资料来源：红之官网。

（四）香氛洗护

竞争激烈的身体清洁市场，近几年出现了香氛洗护产品的新赛道，很多品牌通过不断创新，脱颖而出。消费者也不再满足于单纯的清洁功能，更加注重多功能的产品和视觉、嗅觉、感觉"三位一体"的清洁体验。从上游市场角度分析，香精香料技术和植物精油技术的迅猛发展，使得香氛洗护的开发难度降低，成本也降低了不少。

在使用香氛洗护产品时，愉悦的香气能通过嗅觉信号直接传递到大脑的边缘系统，包括海马体和杏仁核——这些区域与情绪、记忆和动机密切相关，可以帮助消费者放松身心，缓解压力，提升洗浴的舒适度和愉悦感，特别适合职场打拼的年轻人，下班后洗去一身疲惫。

对比常规的洗护产品，香氛洗护含有更高纯度和更有品质的天然精油或香料，还会添加各种植物提取物，来迎合天然香的主题。这些让人愉悦的香气，也让产品看起来更高端。

表 5-1 所示是常见的精油及其效果。

表 5-1　常见的精油及其效果

精油类别	效果
薰衣草精油	能镇静和抗焦虑，有助于减轻压力和改善睡眠质量
玫瑰精油	舒缓和提升情绪
洋甘菊精油	可缓解焦虑和抑郁情绪，促进全身放松，还具有一定抗炎性
依兰精油	具有强效的镇静作用，帮助缓解压力和焦虑
迷迭香精油	能提升注意力和记忆力，有助于清醒思维
柠檬香茅精油	可提振精神，减轻疲劳和焦虑感
甜橙精油	具有愉快的香气，能够提升情绪和缓解压力

资料来源：作者根据相关资料整理。

可以看出，大部分天然精油具有镇静、抗焦虑、减压等效果，还有部分精油具有一定的抗炎效果，可用于护肤品中。比如，洋甘菊精油和茶树精油，具有一定抗炎效果，能用于治疗痤疮。

香氛洗护是一个大类，包括但不限于洗发、洁面、沐浴、护发、身体乳等。香料的运用也有利有弊，大添加量的天然精油或香料，对皮肤具有一定的刺激性。所以，在配方设计时，基础框架上以使用温和型原料为主，再搭配一些舒缓成分，降低香氛原料对皮肤的刺激。而在香味使用上，需要考虑香味与产品类型的匹配度。比如，闻到玫瑰或薰衣草味，就能联想到沐浴露；闻到茶香，就能想到洁面乳（见表5-2）。香味匹配度好的产品，能让消费者"闻香识产品"或"闻香识品牌"，增强品牌认同感。

表5-2　香味类型与常规产品的匹配表

香型	常见香调	适合产品
花香型	玫瑰、茉莉、薰衣草、橙花、铃兰	沐浴露、身体乳
果香型	柑橘、柠檬、苹果、蜜瓜	洗发水、沐浴露、洁面乳、护发素
木质香型	檀香、雪松、广藿香、松木	男士洗护、洁面、身体乳
绿叶香型	绿茶、薄荷、竹子、芦荟	洁面乳、护发素
药香型	广藿香、薄荷、麝香、乳香	洁面乳、洗发水
草本香型	迷迭香、薰衣草、百里香、马鞭草	护发素、洁面乳、身体乳、沐浴露
辛香型	肉桂、丁香、姜、胡椒	洗发水、身体乳、沐浴露

资料来源：作者根据相关资料整理。

选择合适的香味类型，使香味不再是附属品，而是加分项，通过嗅觉发挥香氛功效。整体而言，从传统洗护到香氛洗护，不仅是产品的升级，更是行业和消费者需求的升级。香氛洗护和传统清洁产品相比，最主要的区别是香味的功效定位。香氛洗护产品，是以香味为核心诉求，让香味可以更好地发挥作用。以此为分类展开，可以延伸香氛洗护到各个领域，对相关产品进行升级再开发。

二、卸妆

（一）消费者需求

很多消费者都普遍认为卸妆产品在清洁美妆产品品类里是比较新的类目，其实不然，自我国古代有妆容开始，就伴随着卸妆产品的发展，只是早期很多产品智慧都是从实践经验开始，并逐渐升级精进。

从已知可查的记载追溯，淘米水就是最早的洗脸卸妆水，《礼记·内则》记载："三日具沐，其间面垢，燂潘请靧。""潘"就是温热的米汁，是名副其实的古早"洗卸二合一"鼻祖，利用米浆的吸附原理，黏结清理面部妆容和污垢。后续又在米浆中得到启发，发现各种豆子的粉末有更好、更有效的清洁作用。到宋代出现了皂角——真正意义上的清洁剂原料，混合各种香料和中草药，不但满足日常卸妆清洁，也开始有了使用后皮肤有滋养感的要求。

如果妆容更重、更厚、更艳丽，比如，油彩浓重的戏妆，会先用麻油、花生油这些当时就被广泛使用的食用植物油进行一次清洁，把油彩清洁干净，再用皂角制成的香皂对植物油进行二次清洁。这就是最早的"以油溶油""先卸后洗"。这些麻油、花生油就是"初代卸妆油"。

早期卸妆产品除了重妆重油彩有更高的清洁效果的需求外，

其余的大部分其实和无妆清洁的产品是没有明确配方界限的。改革开放以后，我们的生活品质极速提升，美妆产品的品质性、细分性、多样性也愈加明显。卸妆产品随着彩妆大类目的高速发展，逐渐和常规面部清洁产品区别开来。

在卸妆产品的剂型分类之前，有必要明确细分概念下卸妆产品和洁面产品的区别，两者的差异主要是使用目的和清洁对象不同。常规的洁面体系，多采用皂基，或氨基酸体系，或皂基与氨基酸体系复配，主要针对日常面部的清洁，旨在清洁掉残留一天或一整晚未吸收的护肤品，或外界环境中附着到面部的灰尘污染物，以及皮肤自身新陈代谢产生的废物油脂混合角质微屑这类油水固体混合物垃圾。卸妆产品的体系主要任务是清除面部彩妆这些含有大量粉体、成膜剂、固体／液体油脂、色粉等成分的产品。因为彩妆配方在设计时，为了保证妆面的持久，防水防汗，配方里的粉体、成膜剂、固体／液体油脂、颜料都尽量在肤感维护的前提下选择疏水处理原料，整个配方结构上哪怕是含水的粉底液，大部分产品也都是油包水体系，以保证防水持久性。整个彩妆配方的疏水性越强，理论上妆效越持久。要有效清除这些成分，显然就和常规洁面产品的清洁目的不同了。

解决彩妆问题，通常在卸妆前，避免大量水的参与，以免降低表面活性剂浓度，或者提前破乳，破坏"融妆"工作进度条。这就是为什么绝大部分市面上常见的卸妆产品，如卸妆水、乳、油、膏、啫喱等，都会强调干手干脸，按摩充分融合彩妆后，再额外使用大量水清洗。但如果在无妆情况下，这种清洁力（脱脂性）就相对显得过强，容易产生过度清洁，破坏表皮本身健康的水油平衡。

当然，在彩妆使用比较少，妆容相对清淡，比如，简单的一两层薄底妆、淡眼妆、唇妆时，本身清洁力比较强的洁面产品或者一些更偏重卸妆目的的"洗卸二合一"产品，也可以做到比较好的清洁效果。但妆容浓度到 50 分以上，即显而易见的妆感，特别是妆容重点突出眉眼妆、唇妆时，就需要使用专门的卸妆产品，再根据卸除效果，考虑是否使用洁面产品进行二次清洁。

先用卸妆产品解决"妆"容产品问题，例如，粉底液、眼影、腮红等；再视清洁效果和卸妆产品本身的残留感，用日常洁面产品解决"净"的问题；最后综合自身皮肤情况，使用合适的护肤品进行保护。这属于标准的卸洗护流程。

在产品分类上，按卸妆能力大小，主要有三种类型，其余剂型都是在这三种剂型上做的扩展。

（1）表面活性剂（乳化剂/增溶剂/清洁剂）+ 水相：代表产品为卸妆液、卸妆水、水性凝胶等由表面活性剂和水相形成的制剂，几乎不含有油分，清洗后具有清爽的感觉，但是卸妆的效果不是特别好。

（2）表面活性剂（乳化剂/增溶剂/清洁剂）+ 水相 + 油相：代表产品为双连续相油凝胶、卸妆乳等，由表面活性剂、水相、油相制备形成的制剂，是以油分为主成分，由于是将蜡、高分子硅氧烷等溶解，整体的卸妆效果优于水剂产品。

（3）表面活性剂（乳化剂／增溶剂／清洁剂）＋油相：代表产品为卸妆油、卸妆膏、卸妆油凝胶等，不含水及水相成分，需要在不接触水的情况下使用，利用油剂相似相溶原理，将彩妆化妆品的油脂、蜡、色粉、成膜剂等成分充分溶解或分散在产品中，再以清水清洁，清洁过程中有反向乳化的过程，产品最终变成乳液被冲洗掉，清洁后有油分残留感，卸妆效果在三个产品类型中最佳。

在方向及目标明确的前提下，再根据消费者本身肤质、使用习惯、部位和妆容浓度不同，制作出不同剂型的卸妆类产品。不同剂型的卸妆类产品，又在保湿性、残留感、刺激性、融妆效率和单次使用量这五个基本评价维度上有不同的特点。

对卸妆油类产品的评价，我们设定了五个基本维度：①滋润性；②残留感；③卸妆效果；④刺激性／温和性；⑤单次产品使用量的多少。

（二）常见卸妆品类

1. 卸妆水／湿巾

卸妆水使用时需要借助化妆棉、洗脸巾等工具湿敷沁润一些时间再擦拭清洁。卸妆湿巾则可以看成是卸妆水卸妆升级便捷版。

这类产品的特点是配方成分和工艺相对简单，但在配方设计上并不简单，既需要平衡表面活性剂浓度和卸妆能力，又需要保证必要的温和性，还要兼顾使用后的肤感舒适性。

配方设计时，多以 PEG-6 辛酸 / 癸酸甘油酯类的非离子表面活性剂为主。其在水溶液中达到临界胶束浓度后，亲油部分向内聚集在一起，亲水部分向外聚集，形成球体结构，也就是胶束结构。这种胶束结构在使用过程中，向内聚集的亲油部分吸附油性的妆容，起到清洁作用。

卸妆水 / 湿巾在五个评价维度上的具体表现为：较好的保湿性、较低的残留感、对于简单底妆和清淡眼妆的卸妆效果最佳、比较低的刺激性以及单次产品使用量较大。

产品案例三十一｜贝德玛舒妍多效洁肤液

这款经典产品，具有愉悦的使用感，体系温和不刺激。表面活性剂使用了 PEG-6 辛酸 / 癸酸甘油酯类，能温和有效地卸除妆容。另外添加了木糖醇、鼠李糖、低聚果糖等，在卸妆洁肤的同时，保护皮肤屏障。

与之类似的有欧莱雅三合一卸妆洁颜水，使用了椰油酰两性基二乙酸二钠表面活性剂，搭配甘油、山梨（糖）醇等保湿剂，同时实现清洁、卸妆、保湿三个功效（见图 5-31）。

图 5-31　贝德玛舒妍多效洁肤液
资料来源：贝德玛官网。

2. 卸妆油 / 膏

卸妆油 / 膏属于无水体系的卸妆产品。从配方研发方向上来看，通常有两个重要的目标考量。

一是乳化速度，即快速乳化，还是相对慢速乳化。现在有新品讲究的无乳化体系，也可以算作一种无肉眼察觉变白型的超慢速乳化。核心是融妆后，乳化清洁的原理没变。乳化速度的快慢主要由选择的表面活性剂来决定。快速乳化基本上选择的是离子型表面活性剂，这类表面活性剂对水几乎没有增溶性，遇水即乳化，从消费者角度来看就是变白了。慢速乳化选择的是非离子表面活性剂，这类表面活性剂在遇到少量水分时，有一定的增溶作用，当达到自身增溶饱和度之后才开始乳化。前者的优点是，在干手干脸的情况下使用，融妆后乳化清洁的速度更快、更高效；缺点是一旦在融妆没有完全，不小心有了水的参与后，很容易造成提前乳化，影响卸妆能力和洁净程度。如果没有进行二次清洁，很可能留下看不见的残留，日积月累，对皮肤有积垢损伤和负担，也影响后续护肤成分的有效吸收。

后者的优点就是前者的缺点，由于有一定的保水性，对于使用时手脸和环境的湿度有一定的包容性。适用的场景范围更宽松自由。哪怕在按摩融妆过程中，不小心溅到一点水珠在脸上，也完全不影响融妆效果。只有在随后大量水参与的清洁中，才开始彻底乳化释放。乳化清洁的整体速度就要比前者稍慢，这种卸妆油产品就是双连续相卸妆油。

从消费者视角看到的变白乳化，其实只是乳化的一种呈现结果。变白快慢和卸妆能力、清洁力没有直接关系。快速乳化并不代表卸妆能力强，乳化速度慢也不代表卸妆能力差。卸妆能力和乳化速度都是可以通过配方中表面活性剂的选择、复配来调整的。

二是使用后的残留感，即目标是低残留感，还是相对高残留感。残留感的感受，是通过配方中油脂的选择、复配来调整达到的。常规情况下，选择牌号较低的矿油和一些合成类的清爽性油脂复配，能够带来较低的残留感，即产品宣传中常说的"清爽感"；反之，植物油脂，特别是一些强调重滋润的植物油脂的含量越高，不管是出于油脂本身的特点，还是配方研发思路中"料尽其用"原则，通常都会有较明显的残留感。这种残留感和卸妆水的水溶性保湿剂带来的保湿残留感不同，是油润方向的滋润残留感。同样地，是不是含有植物油成分、含有多少、残留感高低，并不是评价所谓配方好坏的标准，二者没有直接关联。关键还要看消费者的需求和适用肤质。从皮肤的类型来看，油皮、混油，特别是油痘肌，比较适合较低残留感、清爽型的油膏类卸妆产品。避免不当的滋润残留加重油痘负担。而干皮、干敏皮，特别是沙漠干皮类消费者，就比较适合植物油脂相对多、残留感强的油膏类卸妆产品，尽量避免清洁脱脂，保护本来就岌岌可危的油动力不足屏障。

综合来看，产品开发时，要考虑油溶性表面活性剂和油脂在配方中的相容性、成品稳定性等，也要根据油类接触角偏小的事实，考虑包材的兼容性和使用便捷性。

油膏类产品，从卸妆以油融油的原理上来说，本身剂型就有天然的融妆效果优势，所以融妆能力毋庸置疑，特别是针对浓度高的底妆和眼妆，配方也趋于成熟。但是，和其他类型产品相比，高清洁力对应着强脱脂性，有时候清洁得过于干净，超过了面部妆容的范围，就得不偿失了。

相对于其他类型的卸妆产品来说，在五个基本评价维度上大致是：较好的滋润性、残留感可调整的范围比较大、多层底妆和高浓度眼妆的融妆效果最佳、融妆效果和刺激性比较容易平衡、单次产品使用量相对较少。

产品案例三十二 | 红之多效净澈卸妆油

这是一款以卸防晒为主的特色卸妆油。采用双极性油脂复配，能迅速溶解妆容，尤其是防晒霜常用的成膜剂。油脂也比较清爽，使用过程水感强，摆脱了卸妆油油腻厚重的固有印象。乳化剂上选择了聚甘油型和 PEG 型协同增效，形成的胶束更稳定，能更好地乳化妆容。为防止卸妆后的拔干感，添加了滋润性较强的植物角鲨烷和白池花籽油（见图 5-32）。

图 5-32　红之多效净澈卸妆油

资料来源：红之官网。

产品案例三十三 | 植村秀新臻萃养肤洁颜油

　　这款洁颜油是典型的双连续相卸妆油产品。配方的主体油脂采用玉米胚芽油，温和滋润。搭配少量的白池花籽油、野大豆油、霍霍巴籽油等植物油脂。采用三种聚甘油类的表面活性剂，清洁力强，具有一定的保水性，在相对湿度高的环境和使用场景中仍可使用。总体而言，油脂含量高，残留感相对强，比较适合干性和混合偏干肤质使用（见图 5-33）。

图 5-33　植村秀新臻萃养肤洁颜油
资料来源：电商平台天猫"植村秀官方旗舰店"。

产品案例三十四 | 红之轻透净澈卸妆膏

　　这是款清爽型的卸妆膏产品，膏体细腻，溶点适中，使用时不会有粗颗粒的现象。搭配的油脂较为清爽，使用山梨醇聚醚-30 四油酸酯作为卸妆主要成分，它的乳化能力强，遇水能快速形成胶束，包裹妆容颗粒。山梨醇聚醚-30 四油酸酯的温和性也很好，尤其是对眼部的温和性，非常适合敏感肌使用。肤感上也清爽不油腻，非常匹配产品清爽净澈的定位（见图 5-34）。

图 5-34　红之轻透净澈卸妆膏
资料来源：红之官网。

产品案例三十五 | 倩碧面部眼部卸妆霜

倩碧这款经典卸妆产品，油酯部分采用棕榈酸乙基己酯，复配红花籽油和合成甘油三酯，以清爽为主。表面活性剂采用山梨醇聚醚 -30 四油酸酯复配 PEG-5 甘油三异硬脂酸酯，这两个都是亲油基团比较多的两性表面活性剂，特别是对于浓妆、眼妆的卸妆能力比较强，易乳化，残留感低（见图 5-35）。

图 5-35　倩碧面部眼部卸妆霜

资料来源：倩碧官网。

3. 水油双相 / 三相卸妆液

水油双相卸妆液，从字面上来看就是产品静置时外观是水油有明显分界线的卸妆产品，水相在下面，油相在上面。使用时摇匀混合，配合化妆棉或洗脸巾使用。

三相卸妆液，往往是在上层油相中根据油脂密度不同的原理，再分出两相，一般会各自添加不同的油溶性颜料，作分层区分，也叫"鸡尾酒卸妆液"。

这类产品往往针对眼唇部位，所以也叫双层 / 三层眼唇卸妆液。产品的核心功能是，一方面利用配方中的油相高效融妆，另一方面利用配方中的水相在清洗过程中把妆清除走。

因此，在配方设计时，除了油相中表面活性剂的选择和浓度外，还需要考虑油相的比例。一般而言，油相的比例越高，融妆能力越强，洗后越清爽舒适；水相的比例越高，融妆能力越差，残留油腻感也就越强。经验认为 7：3 的水油比是比较适中的比例，兼具温和清爽质感和强卸妆力。由于它不存在油膏类卸妆产品入眼乳化刺激的缺点，温和性和舒适度均有提高，所以特别适合卸除眉眼部和唇部的妆容。

同样地，产品开发依然需要在五个维度上进行评价。相对于其他类型的卸妆产品来说，在五个基本评价维度上大致是：保湿滋润性适中、残留感通常比较明显、对于多层底妆和高浓度眼妆的融妆效果更佳、融妆效果和刺激性比较容易兼顾、单次产品使用量适中。

产品案例三十六 ｜ 美宝莲眼部及唇部卸妆液

这款产品是眼唇卸妆液的常青树。配方中，油相采用轻质的环五聚二甲基硅氧烷，再复配异十六烷和棕榈酸异丙酯。这类成分本身就常用于彩妆中的油脂，能高效溶解眼唇妆容。水相中添加少量的泛醇，起到保湿修护作用。使用聚氨丙基双胍作为防腐剂，温和不刺激，符合眼、唇部产品的定位（见图 5-36）。

图 5-36　美宝莲眼部及唇部卸妆液

资料来源：电商平台天猫"美宝莲官方旗舰店"。

产品案例三十七 | 红之温和眼唇卸妆液

这款眼唇卸妆液，采用 8 : 2 的水油比，清爽度提升了不少。异构烷烃和鲸蜡醇乙基己酸酯的应用，起到以油溶油、高效融妆的效果，可迅速溶解眼部产品的成膜剂。水相中加入了 PPG-24- 甘油聚醚 -24，可加速成膜剂的分散，并赋予润滑感。考虑到眼、唇部使用，防腐剂使用聚氨丙基双胍，此成分常见于眼药水中（见图 5-37 ）。

图 5-37 红之温和眼唇卸妆液

资料来源：红之官网。

4. 卸妆乳 / 霜

如果说上面这类产品中有轻乳化概念的配方设计思路，那么卸妆乳 / 霜这类就属于完全乳化类卸妆产品了。这类产品和前文提到的常规卸妆产品相比，是卸妆体验升级的产品类型。按摩清洁过程中使消费者体验感更加愉悦，残留的乳霜在保湿滋润的基础上使皮肤更舒适。在消费者的直观感受上，往往给人一种更温和高级的 SPA 级感受。

卸妆乳的配方体系与护肤中的乳液配方架构类似，油相使用少量轻质油脂，清爽不黏腻；水相中多采用 PEG 型或聚甘油型表面活性剂，以提供充足的卸妆力，相当于综合了卸妆水和卸妆油的部分特点。也有在配方中添加改性淀粉的，利用改性淀粉的黏性吸附妆容。优点是使用过程中的触变性和层次感更佳，肤感也更高级。

卸妆霜产品则比较常见于沙龙院线和高端品牌，讲究的是极致的卸妆体验。通常有清洁、卸妆、滋润三效合一的效果，适合干性和中性皮肤使用。实际使用中，需要配合一定的卸妆手法。

卸妆霜产品的触感和外观也有更高要求，反而对表面活性剂的选择是其次。这也是其产品属性决定的，霜的质地需要大量油脂，这种稠厚的质地也能提供黏结吸附作用，再配合局部按摩，可以实现很好的清洁效果。所以只需要比较少的表面活性剂或比较少的添加量，这样一来，既能保证产品的卸妆效果，又能让整体更温和。

同样，对于卸妆乳、卸妆霜，我们在产品开发时，也需要在以上提及的五个维度进行评价：保湿滋润度好、残留感适中，甚至可以做到免洗也不觉得厚重、融妆效果高、刺激性较低、单次产品使用量较大。

5. 卸妆啫喱 / 凝胶

这类产品市面出现较少，但是配方设计思路多样。

水凝胶体系，以表面活性剂和增稠剂为主，和卸妆水类似，优点是产品黏度提升后，使用便利性和卸妆效果有一定提高，不需要像卸妆水一样，借助化妆棉沁润湿敷，摩擦清除妆容，特别适合皮肤薄，对揉搓容易敏感，又喜欢水剂型清爽肤感的消费者使用。

油凝胶体系，在油相增稠的基础上，搭配聚甘油类表面活性剂。外观黏度介于卸妆油和卸妆膏之间，弥补了卸妆油太稀而使用不便的缺陷和卸妆膏过于厚重的肤感缺陷。

在使用的层次感上，融妆开始时，会处于一种厚重的凝胶状态。在按摩融妆的过程中，逐渐呈现一种透明油体系的状态。最后在清洗卸妆时，又会以一种强乳化的稀乳液姿态出现。

醇凝胶体系，使用大量多元醇和表面活性剂，能起到卸妆清洁的作用，这类产品也在洁面类产品剂型中被使用。可以算是一种洗卸二合一的配方剂型。这类产品往往在使用中有明显的热感，对敏感肌消费者友好度比较低。

D 相凝胶体系，是由多元醇和非离子表面活性剂与油脂和少量水在特殊的工艺下形成的凝胶。当非离子表面活性剂和油脂，具有卸除妆容能力时，则称为 D 相卸妆油或 D 相卸妆凝胶。D 相凝胶体系，兼顾了油性卸妆体系和水性卸妆体系。对于一些纯油卸妆体系难以卸除的水性妆容，D 相体系则可以轻松完成，原因是 D 相体系中含有一定的水和多元醇，对水溶性成分具有包容性。也正是这个优点，使 D 相体系的卸妆产品可以在有水的情况下卸妆，即"湿手卸妆"。

以上这些使用度不高，属于相对小众的配方剂型，恰恰可以作为今后卸妆类产品配方的思路拓展启发。不再局限在水、油、膏这类常规配方套路上，也给消费者更多新鲜、高效的使用乐趣体验。

三、洁发

（一）头发和头皮清洁

头发和头皮清洁产品主要包括洗发水、干性洗发剂、头皮清洁剂等，旨在清除头发和头皮上的油脂、污垢、头屑及环境污染物，同时维护头发质量和头皮健康。这些产品的核心是有效地清洁，保护头发和头皮。此类清洁产品通常由表面活性剂、调理剂、功效活性成分构成。

表面活性剂是这类产品中最关键的成分，主要用于去除油脂和污垢。它们通过降低水和油脂间的表面张力，使油脂能够与水混合并被清洗掉。常用的表面活性剂包括硫酸盐类（如月桂醚硫酸钠）和非硫酸盐类（氨基酸表面活性剂等）。

调理剂如阳离子调理剂、油脂类、蛋白质肽类等，用于增强头发的柔软性、减少静电，并改善梳理性。这些成分有助于修复和保护头发表面，避免在清洗过程中造成损伤。

功效活性成分则针对特定的头皮问题，例如，头屑、油腻、敏感等，添加特殊成分如抗菌剂（吡罗克酮乙醇胺盐、二硫化硒）、控油舒缓剂（辛酰甘氨酸、甘草酸二钾）等，以针对性地解决这些问题。

1. 洗发水 / 露 / 乳

洗发水 / 露 / 乳是市面上最常见的三种洗发产品，用于日常头发清洁和护理，广泛应用于全球市场。洗发水通常为液体，主要成分包括表面活性剂、调理剂及香精等，具有清洁和去油脂的效果。洗发露则较为稀薄，含有更高比例的水分和起泡剂，更适用于需要深层清洁的用户，提供丰富的泡沫和温和的清洁体验。而洗发乳质地较为浓稠，通常兼具清洁和护理功能，配方中添加营养成分，如水解蛋白和植物提取物，能够深层滋养头发。

从市场需求来看，消费者越来越注重产品的功能性和温和性，洗发乳因其综合护理效果而备受青睐。同时，环保和天然成分的使用也成为趋势，许多品牌致力于开发无硫酸盐、无硅油和无防腐剂的配方。

总体而言，洗发产品在技术上注重配方的平衡性和稳定性，通过科学的成分组合和严密的测试，确保产品在使用中的安全性和有效性。无论是为了强力清洁、泡沫丰富，还是深层护理，市场上不同类型的洗发产品都能满足消费者多样化的需求。

产品案例三十八 | **希思黎赋活丰盈洗发水**

这款洗发水以氨基酸类表面活性剂 + 烷基糖苷为主要清洁体系，含有多种调理成分（泛醇、红没药醇、水解棉籽蛋白、植物油脂、生物素等），旨在清洁的同时促进头皮健康（见图 5-38）。

图 5-38 希思黎赋活丰盈洗发水

资料来源：希思黎官网。

产品案例三十九 | 资生堂芯护理道头皮生机系列洗发露

此款产品的配方是以 AES 和 CAB 为主要表面活性剂的体系，复配多重调理成分（烟酰胺、腺苷、硫代牛磺酸、复合植物提取物等）。从头皮护理，改善头皮环境，延伸到提升头皮健康和促进头发生长（见图 5-39）。

图 5-39　资生堂芯护理道头皮生机系列洗发露

资料来源：美丽修行 App。

产品案例四十 | 红之净澈去屑洗发水

这是第一款以二硫化硒为去屑剂的洗发水产品，二硫化硒具有抗真菌的特性，能够有效减少导致头皮屑的真菌（如马拉色菌）。它还可以调节头皮油脂的分泌，减少头皮过于油腻的问题，缓解脂溢性皮炎引起的头皮炎症，减少红肿和瘙痒感。除了这个强效成分之外，产品还使用了油菜甾醇，旨在调节头皮微生态，使之恢复平衡，从根源上恢复头皮健康（见图 5-40）。

图 5-40　红之净澈去屑洗发水

资料来源：红之官网。

2. 洗发膏

洗发膏是一种相对新兴的头发清洁和护理产品,以其独特的半固体质地和浓缩配方吸引了众多消费者的关注。与洗发水、洗发露和洗发乳相比,洗发膏具有独特的市场定位和使用体验。它通常包含高浓度的表面活性剂、天然植物提取物和深层滋养成分。这些高浓度的成分使得洗发膏在使用时仅需少量即可产生丰富的泡沫,提供强力的清洁效果,同时对头发进行深层护理。

与液体洗发水相比,洗发膏减少了对水分的依赖,便于携带和存储。洗发露以其轻盈的质地和高泡沫特性而著称,适用于频繁洗发和需要深层清洁的用户,而洗发膏则更适合需要密集护理和深层滋养的发质。相比之下,洗发乳的浓稠质地和营养成分与洗发膏相似,但洗发膏的浓缩形式使其在成分利用和环保方面更具优势。

市场上,洗发膏以其便捷性和高效性逐渐占据一席之地,满足了消费者对节省时间、节约资源以及高效护理的需求。此外,洗发膏通常不含防腐剂和硅油,迎合了当前环保和健康护发的趋势。

综上所述,洗发膏作为一种创新的洗发剂型,以其独特的配方技术和使用体验区别于传统的洗发水、洗发露和洗发乳,为消费者提供了一种高效且环保的头发清洁和护理选择。

产品案例四十一 | **丝芙兰晶盐头皮净澈洗发膏**

这是一款针对头皮深层清洁和去屑的产品。这款洗发膏采用海盐作为主要成分，以其独特的磨砂质地帮助去除头皮上的死皮细胞和积累的产品残留物，从而促进头皮健康（见图5-41）。

图 5-41　丝芙兰晶盐头皮净澈洗发膏
资料来源：丝芙兰官网。

3. 头皮清洁剂

头皮清洁剂是一种专门针对头皮健康的产品，旨在深层清洁头皮，去除多余油脂、角质和头皮屑，从而改善头皮环境，促进头发健康生长。与传统的洗发水、洗发露、洗发乳和洗发膏相比，头皮清洁剂在成分和功能上有着显著的区别与优势。头皮清洁剂通常含有高效清洁成分，如水杨酸、茶树油和乙醇酸等，能够温和地去除头皮上的污垢和死皮细胞。同时，头皮清洁剂中常加入抗菌和抗炎成分，如薄荷醇、金缕梅提取物等，以缓解头皮瘙痒和炎症，提供清凉舒适的使用体验。一般情况下，头皮清洁剂专门针对头皮问题，适合头皮油脂分泌旺盛、头屑多或有头皮炎症的用户。

在市场需求方面，随着人们对头皮健康的重视，头皮清洁剂逐渐受到欢迎，尤其是在注重健康和美容的消费者群体中。人们对环保和天然成分的追求也促进了头皮清洁剂的开发，许多品牌选择无硫酸盐、无防腐剂和无人工香料的配方，以满足消费者对天然和安全产品的需求。

综上所述，头皮清洁剂作为一种专注于头皮健康的清洁产品，通过其独特的配方和针对性功能，区别于传统的洗发产品，为消费者提供了一种专业且有效的头皮护理解决方案。

产品案例四十二 | 艾梵达头皮管理温和净化啫喱

这是一款为改善头皮健康设计的产品，在温和清洁的同时提供舒缓和保湿效果。配方采用以牛磺酸盐为主的多表面活性剂复配的透明啫喱状体系，同时添加强调调理头皮油脂的多种成分（PCA 锌、天然水杨酸、穿心莲和积雪草等），在清洁的同时，调节头皮的水油平衡（见图 5-42）。

图 5-42　艾梵达头皮管理温和净化啫喱

资料来源：电商平台天猫"艾梵达官方旗舰店"。

（二）头发护理

头发护理产品，如护发素、发膜和润发膏等，主要用于清洁头发后提供额外的滋养和保护。这类产品可以帮助修复损伤、增加光泽、改善头发的柔顺性，并针对特定问题，如干燥、开叉或缺乏弹性等，提供解决方案。头发护理产品通常具备以下功能。

保湿和滋养：护发素和发膜中通常含有高效保湿成分如天然油脂（橄榄油、摩洛哥坚果油）、蛋白质（角蛋白、丝氨酸）、氨基酸和维生素，这些成分可以给头发提供必要的滋养和营养。

表面修复：油脂和阳离子表面活性剂可以在头发表面形成一层保护膜，平滑毛鳞片，减少摩擦和静电，使头发更易于梳理，减少断裂和开叉。

针对性解决头部问题：针对头发问题（如过度烫染后的护理等），产品中可加入特定的成分（如色彩保护成分）去解决。针对头皮问题，也有采用天然植物提取物等成分，具有滋养舒缓头皮、增强发根等功效。

1. 护发素

护发素是一种专门设计用于洗发后对头发进行护理的产品，旨在改善头发的质地、增加光泽和柔顺度，同时保护头发免受外界环境的损害。护发素的主要成分包括阳离子表面活性剂、硅油、植物精华、蛋白质和维生素等。这些成分可以在头发表面形成保护膜，减少摩擦和静电，使头发更易于梳理，同时修复受损的发丝，提供深层滋养。常见的成分如甘油、泛醇（维生素 B_5）和角蛋白等，能够有效提升头发的弹性和强韧度。

在市场需求方面，随着消费者对头发护理意识的增强，护发素已经成为日常护发步骤中不可或缺的一部分。不同类型的护发素，如免洗护发素、深层修复护发素和保湿护发素，满足了消费者多样化的需求。无硅油、无硫酸盐和富含天然成分的护发素也越来越受欢迎，符合当前绿色环保和健康护发的趋势。

总而言之，护发素通过其特有的滋养和修复配方，区别于传统的洗发产品，为消费者提供了一种有效提升头发质感和健康的护理选择，满足了人们对美丽和健康头发的需求。

产品案例四十三｜娇兰帝皇蜂姿头皮护发修护丰盈护发素

利用蜂蜜和蜂王浆的营养属性修护受损发丝，使头发更加健康强韧。辅以多重调理成分（依克多因、糖鞘脂类、水解大米蛋白等），有效锁住头发的水分，防止发丝干燥和毛躁。同时滋养头皮，改善头皮健康状况，从根源上改善头发质量（见图5-43）。

图 5-43 娇兰帝皇蜂姿头皮护发修护丰盈护发素

资料来源：娇兰官网。

产品案例四十四｜红之柔顺修护护发素

这款主打修护功效的护发素，能修复和滋养受损头发。体系采用二十二碳的阳离子表面活性剂，碳链长度与头发的 f 层相当，能很好地吸附在发丝表面，使头发变得柔软顺滑。泛醇和透明质酸钠的加入，可以修补已损坏头发，提升头发柔顺性和弹性，提高头发的光泽度（见图 5-44）。

图 5-44　红之柔顺修护护发素

资料来源：红之官网。

2. 护发乳

护发乳是一种用于洗发后为头发提供深层滋养和修复的产品，以其浓稠的质地和丰富的营养成分著称。在消费者的需求中，与护发素相比，护发乳在配方和功能上有着明显的差异和优势。护发乳不仅能够为头发提供基本的护理，还能深入发芯，修复受损发质，增强头发的弹性和光泽。

护发乳的主要成分通常包括高浓度的天然油脂、蛋白质、维生素和植物精华，如乳木果油、椰子油、角蛋白和维生素 E。这些成分能够深层滋养和修复受损的发丝，为头发提供持久的保湿效果，防止干燥和分叉。护发乳的质地较为厚重，通常需要在洗发后涂抹并停留数分钟，以确保营养成分充分渗透。相比护发素，护发乳的质地更为浓稠，滋养成分更为丰富，适用于需要密集修护的发质。护发素通常用于日常护理，其轻盈的质地易于冲洗，主要功能是使头发柔顺易梳理。而护发乳则更侧重于深层护理和修复，适合受损发质、染烫后发质以及干燥脆弱的头发。使用护发乳后，头发会感觉更加滋润和强韧，适合每周使用一次或根据需要频繁使用。

在市场需求方面，随着消费者对高效护发产品的需求增加，护发乳的使用逐渐普及。注重成分天然和环保的护发乳备受欢迎，许多品牌推出无硅油、无防腐剂和有机成分的产品，以满足消费者对健康和环保的要求。

产品案例四十五 ｜ 艾梵达丰盈强韧护发乳

这是一款帮助减少头发脱落并增强头发密度的产品。这款护发乳含有多种植物成分（姜黄根、余甘子果、积雪草、人参等）以及咖啡因、肌酸、磷酸腺苷等活性成分焕活毛囊。其配方旨在恢复头发整体健康，适合头发稀疏或想增加头发丰盈度的消费者（见图5-45）。

图 5-45　艾梵达丰盈强韧护发乳

资料来源：电商平台天猫"艾梵达官方旗舰店"。

综上所述，护发乳通过其浓厚的质地和高效的营养成分，与护发素区别开来，提供了一种专注于深层滋养和修复的护理选择，满足了消费者对头发深度保养和健康靓丽的需求。

3. 发膜／润发膏

发膜／润发膏是一种高效深层护理产品，专门用于修复和滋养受损发质，具有卓越的保湿和强化效果。

发膜／润发膏的主要成分通常包括高浓度的营养成分，如植物油（如橄榄油、摩洛哥坚果油等）、蛋白质（如角蛋白、水解蛋白等）、维生素（如维生素 E、维生素 B_5 等）和各类植物精华。这些成分能够深入渗透到发丝内部，修复受损结构，提供长效的滋养和保湿效果。发膜／润发膏的质地较为厚重，通常在洗发后使用，涂抹均匀后需停留 10~20 分钟，甚至更长时间，以确保活性成分能够充分发挥作用。

与护发素和护发乳相比，发膜／润发膏提供的护理更加深入和持久，适用于每周一次或根据需要进行的深层护理，特别适合染烫、干枯、分叉和严重受损的发质；可用于定期的密集修护，能够在短时间内显著改善发质情况，提供更显著的保湿和修复效果。

在市场需求方面，随着消费者对头发健康的重视程度不断提高，发膜／润发膏因其卓越的修复和滋养效果而受到广泛欢迎。越来越多的品牌推出富含天然和有机成分的发膜／润发膏产品，以迎合消费者对健康、环保和高效护发产品的需求。

产品案例四十六 | 卡诗新黑钻钥源发膜

此款产品适用于需要深层滋养和恢复活力的受损发质，配方中使用了神经酰胺、维生素、玻尿酸等活性成分，能给予头发深度的滋养，从而提高头发的强韧度、亮泽度和水润度（见图 5-46）。

图 5-46　卡诗新黑钻钥源发膜

资料来源：卡诗官网。

四、其他

（一）手部清洁

在日常生活中，人们的手直接、频繁地接触物品，手部皮肤上很容易带有细菌、病毒等各种微生物，通过接触口、鼻等方式进入人体内，会对人体健康产生影响。所以，要保持手部的健康卫生，洗手是预防和维护自身健康最便捷、高效的方法之一。与此同时，选择合适的手部清洁产品也十分重要。

目前，洗手液大致可以分为三大类。

（1）普通洗手液：起基础的清洁护肤作用，由表面活性剂和润肤剂组成。

（2）具有消毒抗菌作用的洗手液：除了满足基础的清洁功能，还有抗菌抑菌的功效。消费者可通过产品标签上的"卫消证字"加以辨别。

（3）免洗型洗手液：在无水源、节约用水等场合清洁手部，则可以选择免洗洗手凝胶，此类产品含乙醇、过氧化氢、次氯酸等成分，能够迅速杀灭病毒等微生物。消费者在使用时需注意是否对乙醇、季铵盐等成分过敏。

1. 洗手液 / 露

洗手液 / 露是一种关键的手部清洁产品，通过科学配方有效去除手部污垢、细菌和病毒，保持手部卫生，其主要成分包括表面活性剂（如月桂醇聚醚硫酸酯钠、椰油酰胺丙基甜菜碱等，用于有效去除油脂和污垢）、保湿剂（如甘油、丙二醇等，防止皮肤干燥，保持手部柔软）、抗菌成分（如酒精、对氯间二甲苯酚、苯扎氯铵、吡罗克酮乙醇胺盐等，杀灭细菌和病毒，提供额外的卫生保障）以及香精等（提升使用体验，带来清新香气）。

随着消费者对健康和环保的重视，市场上出现了许多不含有害化学物质、无香料、富含天然成分的产品。总体而言，洗手液 / 露通过其科学配方和多样化功能，为手部清洁和健康提供了高效、便捷的解决方案，满足了现代生活的需求。

产品案例四十七 | 舒肤佳洗手液纯白清香型

这款洗手液的抑菌成分主要是吡罗克酮乙醇胺盐。它对细菌、真菌、病毒有较强的杀灭作用，添加量在 0.18%~0.22% 之间，pH 值大致在 4.2 左右，整体香型偏醛香，洗后干爽（见图 5-47）。

图 5-47 舒肤佳洗手液纯白清香型

资料来源：电商平台天猫"舒肤佳官方旗舰店"。

产品案例四十八 | 威露士健康抑菌洗手液倍护滋润

此款洗手液质地为凝胶状，使用了 0.18%~0.22% 对氯间二甲苯酚作为主要抑菌成分（见图 5-48）。

图 5-48 威露士健康抑菌洗手液倍护滋润

资料来源：电商平台天猫"威莱官方旗舰店"。

以上两款产品分别使用了吡罗克酮乙醇胺盐和对氯间二甲苯酚作为主要的杀菌抑菌成分。除此之外，还有 L- 乳酸、苯扎氯铵、醋酸氯己定、己脒定二（羟乙基磺酸）盐等抗（抑）菌剂。

2. 手部去角质和指甲清洁

除以上常规产品外，手部清洁还有些细分产品，如手部去角质产品和指甲清洁类产品。

手部去角质产品是利用摩擦剂（如硅石、胡桃壳粒子等），同时辅以润肤剂，达到去除老旧角质、滋润肌肤的功效。

指甲清洁类产品则主要是洗甲液，又分为油性洗甲液和水性洗甲液。油性洗甲液，通常使用有机溶剂（如二甲苯），对一些 UV 固化树脂溶解效果较好；而水性洗甲液，则以丙酮或酒精为主，能洗脱常规自干型树脂。

由于指甲是由角蛋白叠层形成，过多地使用溶剂清除美甲胶，会导致指甲受损，从而影响手部健康，所以洗甲产品通常会添加甘油、泛醇等滋润成分，以防止指甲受损。

（二）口腔清洁

口腔是人体的重要组成部分，是消化系统的起端，具有咀嚼、吞咽、言语和感觉等功能，并维持着颌面部的正常形态。口腔清洁是维护口腔健康的重要方式，包括刷牙、刷舌头、使用牙线、漱口水以及定期洁牙等。不当的清洁方式会影响口腔的健康，间接影响全身健康和生命质量。

刷牙是最基础的口腔清洁方法，可以去除和干扰牙菌斑的形成，清除牙齿表面的食物残渣和色素，同时还能按摩牙龈。消费者应坚持早晚刷牙，尤其是睡前刷牙。

正确地选用口腔清洁产品，能更好地帮助我们预防口腔问题。比如，使用含氟牙膏，能抑制口腔微生物生长，预防龋病的发生。使用有抗菌功效的漱口水，也能抑制牙菌斑的生成。

以下，我们简单介绍一下口腔清洁产品。

1. 牙膏

牙膏是一种复杂的混合物，基本功能是增加刷牙时的摩擦力，帮助去除食物残屑、软垢和牙菌斑，有助于消除或减轻口腔异味，使口气清新。

牙膏通常由摩擦剂、保湿剂、起泡剂（表面活性剂）、增稠剂、香精、味觉改良剂、外观改良剂、防腐剂、酸碱缓冲剂、抗氧化剂、水等混合而成，以满足清洁、防龋齿、清新口气等多种需要。

2. 牙粉

牙粉是一种古老的牙齿清洁剂，历史悠久。早在古代，人们就开始使用各种工具配合洁牙剂来保持口腔的清洁卫生，其中最常见的洁牙剂就是盐，也就是牙粉的前身。随着时间的推移，牙粉逐渐从盐中提炼出来，成为一种专门的牙齿清洁剂。

牙粉的主要成分是摩擦剂、表面活性剂等，其中摩擦剂可以去除牙齿表面的污垢和牙菌斑，表面活性剂则可以帮助牙粉更好地溶解在口腔中，发挥清洁作用。与牙膏相比，牙粉具有更强的清洁能力，因为它可以通过摩擦来去除牙齿表面的污渍和牙菌斑，让牙齿更加洁白。

3. 漱口水

漱口水是一种口腔清洁用品，可以在刷牙之后或者无法立即刷牙的情况下，作为补充清洁手段，有效地保持口腔的清新和健康。漱口水的主要成分包括抗菌剂、防菌剂、清新剂等，它们可以协同作用，杀灭口腔中的细菌，防止细菌繁殖，缓解口臭，改善口腔环境。不同类型的漱口水针对的口腔问题也有所不同，例如，有些漱口水主打抗菌功能，有些则更注重清新口气。因此，要根据自己的口腔情况和需求来选择合适的漱口水。

与刷牙相比，漱口水能够更全面地覆盖口腔，清洁难以触及的部位，如牙缝、舌头等。需要注意的是，漱口水并不能完全替代刷牙，可作为辅助清洁手段，与刷牙结合使用，共同维护口腔健康。

（三）私处清洁

私处清洁产品是指专为私处部位设计的清洁产品，旨在维护私处部位的健康与卫生。这些产品通常包括私处洗液、私处湿巾、私处护理喷雾等，以满足不同群体对于私处部位清洁和护理的需求。

与普通的清洁产品相比，私处清洁产品更加注重温和性和安全性。由于私处部位的皮肤较为敏感，因此私处清洁产品通常不含刺激性成分，避免对私处部位造成伤害。

此外，私处清洁产品还需要经过特殊的消毒和灭菌处理，以确保产品的卫生和安全。市面上常见的药用产品居多，对于不同症状，使用的方法也不一样。

参考文献

[1] 胡茵，廖宗强.阳离子聚合物在香波中的应用[J].应用化工，2003（4）：56-57.

[2] 徐燕莉.表面活性剂的功能[M].北京：化学工业出版社，2000.

[3] 张复强.中国化妆品行业的现状与未来[J].日用化学品科学，2001（2）：5-7.

[4] 曾平，谢维跃，蒋佑清，等.N-酰基氨基酸型表面活性剂的合成与应用进展[J].精细与专用化学品，2008，16（24）：13-16+2.

[5] 周晓璐，王云，张伟雄，等.氨基酸表面活性剂的性能及应用[J].广东化工，2014，41（15）：143-144，146.

[6] Fox，C.. Advances in Cosmetic Science and Technology[J]. Cosm & Toil, 2020: 110（4）.

[7] Williams，D.F.，et al. Chemistry and Technology of the Cosmetics and Toiletries Industry[M]. Blackie Academic & Professional, 2019.

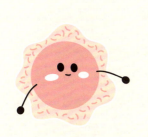

CHAPTER 6

| 第六章 |

个人护理清洁类产品
技术未来发展趋势

个人护理类清洁产品的配方，在追求清洁力更强、温和性更好、体验感更佳、环境更友好的方向上不断突破。但由于品类较多、品类之间存在不同的技术要求以及消费者的不同喜好等，需要分开讲述。

一、面部清洁类产品

清洁面部皮肤的目的是除去附着在皮肤表面的污垢，保持皮肤清洁。清洁是亘古不变的主题，需要被清洗掉的皮肤污垢有皮肤分泌的皮脂、汗、剥离脱落的角质层细胞，以及环境中引入的灰尘颗粒、化妆品残留的化学物质。

我们从更温和、更强效、更天然、更环保四个方面来讲面部清洁产品的发展趋势。

更温和：从基材的选择上，以阴离子表面活性剂为主，过去使用脂肪酸盐、烷基醚硫酸盐为基材的非常多，有清爽感强、起泡丰富、价格便宜等特点。但由于清洁力较强，所以其表现出的皮肤渗透性及溶脂能力都是相对比较强的。

近年来，阴离子表面活性剂不断创新及价格下探，以烷基磷酸酯盐、烷基氨基酸盐、烷基糖苷等为代表的面部清洁基材也被广泛应用，其优势主要体现在保持丰富泡沫的同时，降低对于皮肤的渗透性、降低溶脂力、减少清洁后的面部皮肤刺激，保持皮肤的水分等。

最近的趋势显示，面部清洁产品在追求温和性的同时，兼顾更强的清洁效果，特别是对于彩妆的清洁，因此，不再一味追求泡沫。发酵油、非离子表面活性剂的大量使用，双连续相剂型、洁面油等产品的大量面市，也印证了面部清洁产品在追求温和的方向上做足了功课。

温和的另一体现在于产品的 pH 值，皮肤表面的 pH 值大约在4.5~6.5，属于弱酸性，通常认为这是通过 NMF、游离脂肪酸及皮肤表面的微生态环境来调节的。皮肤清洁剂的 pH 值对 NMF、细胞间脂质等皮肤保湿成分溶出是有直接影响的（见图 6-1）。在酸性范围内，保湿成分和神经酰胺成分的溶出量都较低，所以适宜的产品 pH 值应该在弱酸性区间。弱酸性也变成目前面部清洁类产品的主要卖点。

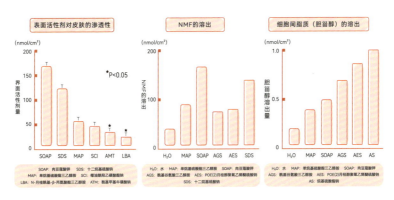

图 6-1　主要皮肤清洁剂对皮肤的影响

资料来源：NIKKOL GROUP，最新化妆品手册 II 卷.

为防止过度脱脂，可以使用润滑剂（赋脂剂）、保湿剂等。为了减小敏感刺激，加入抗炎舒缓成分，比如尿囊素、甘草酸二钾、红没药醇、积雪草提取物等。使用更加安全的防腐体系，由传统的尼泊金酯类、甲醛释放类防腐剂往更加安全的多元醇类、有机酸类、抗菌肽类转变，也可以往"无防腐"概念的防腐体系升级。

更强效：功效类原料上，在洁面产品中也研发出更多具有实际功效/功能性成分。比如，从过去的尼龙颗粒磨砂剂到更天然环保可降解的植物果壳磨砂剂、纤维素粒子磨砂剂，从 AHA 到温和的果酸、改性果酸再到第三代果酸，更加温和高效，再到生物蛋白酶类（木瓜蛋白酶、菠萝蛋白酶等）的广泛使用，都可以在清洁的同时很好地去除老废角质；又如，抑菌剂，从过去的三氯生、伞花烃等化合物成分，逐步向植物成分的抑菌剂（厚朴酚、姜黄素等）、生物发酵技术来源的抗菌肽过渡，可以很好地杀菌消炎，达到长效祛痘功效；再如，从明矾等一些收敛剂的弃用，到抑制 5α-还原酶的植物提取物、毛孔收敛剂药用层孔菌提取物等，一些控油成分的开发，搭配适度的脱脂配方，给控油、收敛毛孔功效带来实际的应用价值。

更天然、更环保：主张放弃传统的由石油来源合成的清洁剂，而选择了天然提取的植物表面活性剂（无患子皂苷、茶皂素等），以及传统的天然油脂皂化成分，搭配天然氨基酸表面活性剂发酵类成分，打造纯净美妆的产品概念。

近年来，此类产品主打"无水"配方、固体配方，也是从欧美兴起，主打环保理念，旨在减少清洁类产品在生产制造、使用过程中的水资源浪费，以及运输物流中的碳排放和产品包装中带来的"白色污染"。

二、面部卸妆类产品

面部卸妆类产品在近年来经历了显著的技术发展，以满足消费者对高效、温和和多功能卸妆的需求，主要的发展趋势有以下方面。

表面活性剂（乳化剂 / 增溶剂 / 清洁剂）：从早期的吐温、司盘类发展到现阶段的 PEG 烷基醚、PEG 脂肪酸酯、PEG 甘油脂肪酸酯、PEG 失水山梨醇脂肪酸酯、聚甘油类表面活性剂等，近年来发酵油概念变成新的市场热点，由油脂发酵转化成具有良好的自乳化能力的天然表面活性剂。

油脂成分：考虑到不同彩妆化妆品成分特点，有的易于分散色粉和聚合物，有的易于溶解各类型极性或者非极性油脂，常用的油脂包括烃油（液体石蜡、α - 烯烃低聚物、角鲨烷、异构烷烃等）、酯油、硅油、高碳醇、天然植物油脂等。

表面活性剂技术的发展和油脂的多样化选择，使得卸妆技术也有了新的突破。一款优秀的卸妆产品应具备以下三个技术特征。

①良好的清洁力：易与彩妆化妆品成分亲和，卸妆彻底；②使用性佳：延展性好，使用后不贴肤，有清爽感，用水易清洗干净；

③安全性高：对肌肤温和，若不慎入眼也无明显刺激感等。

市面上宣称的当前较为出众的专利技术包括双连续相技术、Speedy-Melt 速净乳化技术、发酵油技术等，接下来逐一进行分析。

（1）双连续相技术：用湿手也可以使用的卸妆油技术。传统的卸妆油，仅混入少量的水就出现乳化、白色浑浊，瞬间形成 O/W 乳化体的状态，外相即与彩妆化妆品接触的水相，清洁力大幅下降。双连续相结构是由于水和油的相为三维复杂结构，双方都形成连续相，连续相由油和水构成，因此洗后具有油性感少、清爽的特点，而且在湿手、湿脸状态下卸妆能力不受太大影响。双连续相技术的关键点为表面活性剂和助乳化剂的选择，而且往往要添加较大量多元醇（见图 6-2）。

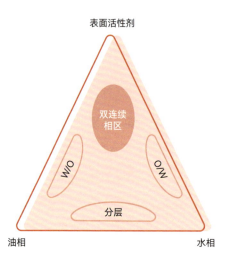

图 6-2 双连续相结构

资料来源：李梦，刘芬，彭玉，等."以油养肤"——双连续相卸妆油 [J]. 中国洗涤用品工业，2022（4）：44-47.

（2）Speedy-Melt 速净乳化技术：多种乳化剂（聚甘油 -2 倍半油酸酯、聚甘油 -5 油酸酯、PEG-20 甘油三异硬脂酸酯等）与特定油脂（C15-19 烷、鲸蜡醇乙基己酸酯等）的复配技术，其中 PEG-20 甘油三异硬脂酸酯可以做到遇水瞬间乳化。特定油脂的选择可以达到加速溶解面部的彩妆成分、快速清洁的效果。

（3）发酵油技术：将天然油脂在"嗜油菌"深度发酵之后，获得具有非常好自乳化能力的"发酵油"，在配方中可以完全替换传统的非离子表面活性剂，具有温和、相似相溶性强、卸妆效果好的特点。

三、身体清洁类产品

身体清洁类产品与面部清洁类产品，都是属于皮肤清洁，可以借鉴本章"面部清洁类产品"的内容，在此不过多赘述。

身体皮肤面积相比面部要大出数倍，而且身体皮肤相对敏感度低一些，所以考虑价格与成本因素，在主要清洁基材的选择上，还应以脂肪酸盐、烷基醚硫酸盐的基材为主流，但部分高端品牌也使用了更温和的基材进行产品开发。

脂肪酸盐带来的清洁体验是比较干涩、干爽的，烷基硫酸酯盐清洁后有很难冲洗、触感不清爽、留有滑腻的感觉等缺点。因此，近年来以脂肪酸盐与烷基硫酸酯盐为主，和其他温和性升级的表面活性剂相互搭配使用得也比较多，可以在成本可控的前提下，大幅改善温和性及清洁时的体验感。与此相对应，由于不同地域水质硬度和气候干燥程度的差异，此类产品通常也会搭配一些调理剂、赋脂剂、保湿剂等。

除了敏感度的差异，与面部皮肤相比，身体皮肤的皮脂量、出汗量都要少一些，但是，大汗腺几乎遍布全身。所以与面部产品相比，更多身体沐浴产品追求愉悦的香氛体验来压制身体产生的气味。

技术发展趋势上，此类产品与本章"面部清洁类产品"的发展趋势大致相同，不再进行赘述。

四、头发、头皮清洁类产品

人体头皮的环境与身体皮肤的环境大相径庭，由于头皮上每平方厘米约有 200 个皮脂腺和毛囊，是身体中皮脂分泌量最多的部位。头皮主要代谢产生的污垢为皮脂、汗渍、头皮屑（角质层细胞片）、灰尘、发用护理化妆品的残留物等，其中，皮脂由于具有黏附性，不仅易吸附灰尘，也会发生变质然后生成刺激皮肤的物质。另外，皮脂的迁移速度也非常快，可以在数小时内从头皮顺着头发迁移至发尾，导致头发油腻，吸附灰尘。同时，毛囊、皮脂腺、汗腺代谢的污垢也是细菌、微生物繁殖的温床，有害菌大量繁殖，会引发头痒、头屑、头皮红肿甚至毛囊炎等问题。图 6-3 为头皮切面结构示意图。

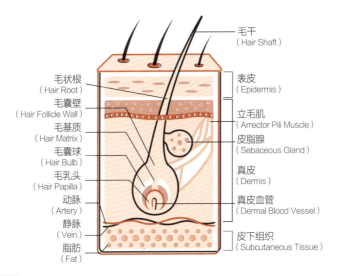

毛干
（Hair Shaft）

毛状根
（Hair Root）

表皮
（Epidermis）

毛囊壁
（Hair Follicle Wall）

立毛肌
（Arrector Pili Muscle）

毛基质
（Hair Matrix）

皮脂腺
（Sebaceous Gland）

毛囊球
（Hair Bulb）

真皮
（Dermis）

毛乳头
（Hair Papilla）

真皮血管
（Dermal Blood Vessel）

动脉
（Artery）

静脉
（Vein）

脂肪
（Fat）

皮下组织
（Subcutaneous Tissue）

图 6-3　头皮切面结构示意图

资料来源：作者根据相关资料绘制。

　　头发作为头皮附属物，是需要清洁产品清洁的最重要部分，由于头发的生长周期为 3~6 年，因此难以避免会受到损伤。头发损伤主要来源于两方面。

　　（1）日常损伤：通常为多次洗涤、紫外线照射、环境损伤、机械损伤（梳头、风筒吹头发）等，这类损伤具有累积性，日积月累体现出差异性。

　　（2）使用化学药剂染发、烫发等导致的头发受损：这类破坏是可以比较直观地感知到的差异性。

　　受损之后头发的光泽度降低、疏水性变差、顺滑度降低、柔软度降低、拉力强度变弱，易分叉、断发。

发质的好坏与洗发类产品的使用体验感直接相关。往往受损发质需要较强的调理性，头发洗完比较厚重，清爽感和蓬松感较差；清爽的洗发水可以很好地平衡清洁力度和清爽感，但洗涤过程中和洗涤后的顺滑度、柔软度往往不能令发质损伤人群满意。

（一）成分趋势

与身体清洁产品一样，考虑价格与成本因素，在主要清洁基材的选择上，以烷基醚硫酸盐的基材为主流；脂肪酸盐由于洗后涩感过于明显，在洗发水配方中不常使用；部分高端品牌使用了更温和的烷基氨基酸盐体系、天然植物表面活性剂（无患子皂苷、茶皂素等）基材进行产品开发。复配非离子和两性表面活性剂，比如，烷基甜菜碱、酰胺丙基甜菜碱、咪唑啉酰胺、脂肪酸烷醇酰胺等，可以大幅改善泡沫的质地，使泡沫更加绵密丰富，同时可以降低烷基醚硫酸盐的刺激性。近年来，市场上宣称无 SLES、SLS（简称无硫酸盐体系）的产品越来越多。

在增加受损发质的调理性方面，带阳离子正电荷的聚合物被广泛使用，以中和受损发质表面富集的阴离子负电荷，在洗发的冲洗过程中，洗发水被稀释，阴离子表面活性剂和阳离子化高分子的复合体发生分离，吸附在毛发的受损部位。比较常见的阳离子聚合物为阳离子化纤维素、阳离子瓜尔胶 / 卡拉胶、聚季铵盐系列等。

洗护二合一型洗发水的出现是基于两方面技术应用的突破，其一是利用硅油的技术，后续用洗护用硅油做了非常多的衍生产品，如氨基硅油、硅乳液、硅脂等；其二是开发了与阴离子表面活性剂反应或者阳离子/阴离子表面活性剂的离子对，在洗发水体系中大幅提升了调理性，起到了一定程度护发柔顺的效果，但阳离子/阴离子的离子对组合，要考虑表面活性剂的选择，容易出现Krafft点明显上升而形成不溶性盐（或者表面活性剂聚集而导致相分离）的情况。

近年来，不使用聚二甲基硅油、聚醚改性硅油以及氨基改性硅油等硅油产品的洗发水、护发剂的销售量有所增加。为了在冲洗时能够得到良好的毛发触感，有些产品添加了更多阳离子化高分子、酯质/改性酯质/酯质微乳、蛋白类调理剂、多糖类调理剂等原料来替代硅油的效果，已经取得非常高的市场认可度。

（二）头皮护理

头皮部分的皮肤被头发所覆盖，传统的驻留型护肤产品的剂型比较难涂抹和铺展，所以一些头皮功效类产品往往还是以洗发产品的形式呈现，但近年来头皮护理的精华类产品增长势头迅猛。

未来头发、头皮清洁类产品的发展趋势是以护理头皮作为理念，在彻底清洗头皮的同时，解决头皮问题（头屑、头皮瘙痒、头皮油腻、头皮炎症等）。

（1）在配方体系上，主要表面活性剂的选择，向更加温和的表面活性剂应用与开发方向发展。

（2）在受损发质的修复调理上，高效调理剂加上更多护发修复的蛋白锁科技，可以在实现柔顺的同时修复受损发质。

（3）在头皮功效的呈现上，如何足量添加功效成分并延长在头皮上的驻留时间成为研究的课题。去屑控油也从单纯的洗去杀菌剂，更多变为适度脱脂力，搭配定向抑菌，调节头皮微生态的角度来解决头油、头屑的问题；从头皮敏感、炎症护理角度，越来越多有效护肤领域常用的功效物，比如尿囊素、甘草酸二钾、泛醇、油橄榄等，以其对抗炎症敏感的作用也被广泛运用；在防脱、白发预防的领域，传统植物和中药成分也取得可喜的研究成果，如侧柏叶、人参皂苷、十七型胶原蛋白等，通过毛囊渗透的渠道，可以起到很好的养发、防脱、预防白发的作用。

参考文献

[1] 李东光．实用化妆品生产技术手册 [M]．北京：化学工业出版社，精细化工出版中心，2001.

[2] 李梦，刘芬，彭玉，等．"以油养肤"——双连续相卸妆油 [J]．中国洗涤用品工业，2022（4）：44-47.

[3] 张殿义．中国化妆品工业发展趋势 [J]．日用化学品科学，2001（2）：1-2.

[4] 张复强. 中国化妆品行业的现状与未来 [J]. 日用化学品科学，2001（2）: 5-7.

[5] Anderson，Laura. Trends in Skin Cleansing Products[J]. Journal of Cosmetic Science，2020: 36（2）.

[6] Fox，C.. Advances in Cosmetic Science and Technology[J]. Cosm & Toil，2020: 110（4）.

[7] Scheludko，A.. Colloid Chemistry[M]. Elsevier，2021.

[8] Schwartz，A. M.. Surface and Colloid Science[M]. Wiley，2021.

| 第七章 |

写在后面的话

一、国货品牌与国际品牌的差距究竟在哪里

国货品牌与国际品牌之间的差距表现在多个方面。

（1）品牌认知与价值：国际品牌通常具有更高的品牌认知度和感知价值，这被消费者视为品质的标志。中国品牌仍需要努力在全球市场建立自己的存在感和信任度。

（2）经典大单品：我们常常讲，国货品牌比较擅长做单一超级爆品，但实际上几乎没有哪个品牌能做出经久不衰的经典大单品。国货品牌这套爆品打法，其实在电商时代就已经证明了，是契合营销和销售平台的打法，但是并不一定契合用户的心智规律。

这套打法并不一定能让国货品牌创造出经典大单品，往往只能打造只有几个月生命周期的爆品，很难在用户心智中沉淀为品牌资产，更难以真正成为支撑品牌持续复利增长的经典大单品。

但国际品牌普遍善于打造经典大单品。在每一个单品上，它们的投入是持续的、绵延不断的，从而能够促进品牌复利增长。最关键的是，在一个单品上投入较长时间，就不容易出现像国货品牌那样稍纵即逝的爆品状况。

（3）产品创新和研发：国际品牌通常拥有更多投资研发的资源，可以带来广泛的创新产品。相比之下，国货品牌可能专注于更狭窄的产品范围，并受限于研发投资而在创新方面面临挑战。除了这个差异之外，还有科学内容打造的差异。基于研发资料的充分市场化，国际大牌往往在内容打造上更加丰富和完整，而国

货品牌在科学内容打造上，由于无法洞悉科学路径和应用研究，往往显得相对乏力。

（4）营销策略：国际大牌经常使用标准化的全球营销策略，而国货品牌多是通过针对本地需求，然后量身定制的营销策略取得成功。这种对本土市场的深入了解可以成为国货品牌的竞争优势。

（5）消费者认知：国际品牌多与文化声望相关联。我国消费者有时也显示出对国际品牌的偏好，要改变这一认知，需要国货品牌在国内外市场进一步提高市场份额占有率。

（6）全球品牌塑造与本地化：国际品牌不得不适应当地市场，经常需要克服文化差异和翻译挑战，以求与当地消费者产生共鸣。而国货品牌由于对本土文化的充分了解以及感知，因此在塑造品牌的地方特性上，往往有出人意料的感知力。

（7）质量和安全关切：消费者普遍担心国货品牌的质量和安全性，因此建立消费者信任对于国货品牌来说至关重要。

总之，为了缩小差距，中国化妆品品牌必须提升自己的品牌价值，投资研发，采用本地化和创新的营销策略，建立消费者信任，并扩大分销渠道。

二、我国化妆品理念发生了哪些变化

过去十余年，是我国化妆品行业的重要发展阶段。我国化妆品理念的发展和变化体现在多个方面。

（1）2013—2014 年：我国化妆品市场开始关注消费者的多样化需求，强调产品的功能性以及对个性化的美的追求。同时，我国化妆品品牌开始积极开拓海外市场，尤其是针对韩国和日本市场消费者行为的研究开始增多。

（2）2015—2016 年：我国化妆品市场开始呈现国际化和本土化相结合的发展模式，对化妆品的市场营销和品牌定位产生了很大的影响。

（3）2017—2018 年：我国化妆品行业的增长速度开始显著加快，市场上大量国内外品牌一起竞争，同时电子商务的发展为化妆品销售提供了新的渠道。在这个阶段，消费者对于产品的品质和品牌的关注度显著提高。

（4）2019—2020 年：疫情的暴发对化妆品行业产生了重大影响。随着线下商店的关闭和物流的停滞，消费者的购买力开始转向线上，加速了线上销售渠道的发展。在这一时期，化妆品行业开始从营销时代进入研发时代。

（5）2021—2022 年：在疫情影响逐渐减弱后，化妆品行业开始恢复增长。国内化妆品品牌如完美日记等通过创新的营销策略和产品研发，开始在市场上占据更重要的位置。同时，消费者对于化妆品的选择更加注重个性化和品牌故事。

（6）2023 年至今：随着我国经济的持续发展和消费者消费能力的提高，化妆品行业继续保持增长态势。品牌需要进一步专业化，多品牌战略和线上购物趋势将成为未来发展的重要方向。

总的来说，过去十余年中，我国化妆品理念的发展和变化，从对消费者多样化需求的关注到疫情带来的挑战和机遇，再到现在对品牌专业化和多元化战略的探索，体现了我国化妆品行业的活力和发展潜力。

三、新原料备案能否打破核心原料国外垄断

根据国家药品监督管理局网站公开信息，截至 2024 年 11 月 30 日，2024 年新原料备案数量达 91 个，比 2023 年新原料备案数量的 69 个增长了 22 个，比 2021 年和 2022 年的总和还多 43 个，足见化妆品行业对新原料的重视程度与日俱增。本土企业申请备案，占比达到了 70%。由此可见，在新规和市场的双重驱动下，本土企业已经开始挑战外资企业在化妆品原料领域的垄断地位。而透过这些新原料的备案信息，我们能够看到生产本土原料的企业现阶段普遍会选择的突破口。

从原料类型来看，本土企业申请备案的新原料中，基本都是活性原料，占比高达 94%，仅有 1 款是基础原料。相比之下，外资企业则更青睐基础原料，8 款新原料中有 6 款是基础原料，仅有 2 款是活性原料。本土企业之所以会选择以活性原料作为切入点，一个很重要的原因是近几年国内功效化妆品市场的崛起。

我国的新原料备案正在逐步强化国内产业的自主创新能力，并在一定程度上减少对国外原料的依赖，特别是在化妆品和新材

料领域，我国已经取得了显著的进展。

在化妆品原料方面，我国企业正在增加国产原料的使用，并通过科研创新提升了这些原料的质量和效能。例如，深圳市维琪科技股份有限公司等通过研发具有中国特色的成分，如青刺果和三植静御等，增强了国内化妆品的市场竞争力。此外，国家也通过政策支持来加快化妆品原料的创新和备案，鼓励企业加大新原料的研发和应用。

在新材料领域，我国的创新也在全球范围内显示出竞争力。比如，在生物发酵、合成生物学和防晒剂等市场上，我国的产品不仅满足国内需求，也在全球市场上具有一定的影响力。

四、中国特色成分能否真正发挥功效作用，或只是概念宣称

新原料备案逐渐在挑战原料国外垄断的情况，但是这种突破目前看来还无法一蹴而就。截至 2023 年年底，尽管新原料备案数量已达 117 个，但必须正视一个事实——仅有 46 个新原料被应用，备案商品数量仅有 1798 个，应用率为 39.32%。由此可见，新原料在应用推广方面还处在瓶颈期，过半的新原料未能实现应用价值。与此同时，在原料创新维度上，应用研究还不彻底，皮肤功效表达研究不透彻，在技术故事上也缺乏创新和引领。

综合来看，受上述诸多因素影响，我国化妆品新原料开发和应用步伐还难以追上国际市场的步伐。在"抢滩"新原料创新过

程中，本土化妆品企业必须意识到这一点，只有不断强化创新能力、提升质量标准、加大研发投入，才能扭转弱势，在博弈中赢得主动。

五、成分内卷，中国特色成分的发展方向在哪里

新原料创新、建立品牌技术壁垒、建立品牌独有的技术成分……这是近三年来品牌发展过程中不可忽视及热切讨论的话题。在行业中，技术如何驱动品牌和产品发展、技术如何部署的讨论空前热烈。在新原料和新技术中，近几年几类原料引起更多关注，关注的背后，也凸显技术在品牌建设和产品内容传播上的重要性。

（1）对国际品牌推出的具有强效的功能原料进行本土化改良，比如玻色因、麦角硫因、依克多因等，借助生物合成的环境友好特性，重新席卷市场，更多新锐品牌以更高浓度切入市场，获取消费者的认可。

（2）胶原蛋白和功能蛋白，挂靠医美应用背书，在护肤领域也获得长足发展和空前关注度。比如，西安巨子生物基因技术股份有限公司、江苏创健医疗科技股份有限公司、山西锦波生物医药股份有限公司等，同时诸如丸美也顺势、造势，邀请多位院士，抢占市场高点和用户心智。

（3）我国传统名贵中草药的功效成分的鉴别和护肤应用，也在 2022 年的新技术传播中占有一席之地，比如，松茸中的麦角硫

因、灵芝中的灵芝三萜、丹参中的丹参酮等，和一些品牌致力于打造民族自豪感的产品目标极度吻合。对橄榄苦苷的更多认知更是带动油橄榄提取物应用的空前普及，消费者也开始愉快接受其变色的风险。

当然，还有一些方向，比如 β - 烟酰胺单核苷酸（NMN）、植物维 A 醇补骨脂酚也有一定的关注度，只是在化妆品中的应用和研究还不够深入，安全评估深度也不够，目前还无法体现出更广阔的应用前景；还有外泌体，目前应用前景也扑朔迷离，但研究和关注度从未停歇。